JIBEI SHANDI
DIANXING SENLIN
JIANGYU FENPEI GONGNENG YU LINFEN JIEGOU OUHE

冀北山地典型森林
降雨分配功能与林分结构耦合

臧荫桐　丁国栋　高广磊　等 ▣ 著

中国林业出版社

内容简介

本书是北京市优秀人才培养资助项目"木兰围场地区退化生态系统综合治理技术研究"（2014000020124G074）、国家林业局公益性行业科研项目"华北土石山典型森林生态系统健康维护机制研究"（20080422A）研究成果的总结。

本书以冀北山地典型森林为研究对象，系统研究冀北山地油松人工林、华北落叶松人工林和天然次生林的林分结构、降雨分配和环境功能特征，并揭示了林分结构与功能特征的耦合关系。

可供从事森林经营、水土保持、环境保护等方面的科技工作者及从事相关领域的工作人员参考，也可供高等院校相关专业的师生参考。

图书在版编目（CIP）数据

冀北山地典型森林降雨分配功能与林分结构耦合／臧荫桐等著．—北京：中国林业出版社，2015.10
ISBN 978-7-5038-8201-2

Ⅰ．①冀…　Ⅱ．①臧…　Ⅲ．①森林–降雨–地表–分布–耦合–林分结构–研究–河北省
Ⅳ．①S715．1 ②S758．5

中国版本图书馆 CIP 数据核字（2015）第 248619 号

中国林业出版社 · 生态保护出版中心

责任编辑：刘家玲

出版：中国林业出版社（100009　北京市西城区刘海胡同 7 号）
网址　lycb. forestry. gov. cn　　电话：（010）83143519
发行：中国林业出版社
印刷：北京市昌平百善印刷厂
版次：2015 年 11 月第 1 版
印次：2015 年 11 月第 1 次
开本：787mm×1092mm　1/16
印张：9.5
印数：1300 册
字数：240 千字
定价：38.00 元

前　言

　　森林作为陆地生态系统的主体和核心，在维持生态平衡、涵养水源、净化水质、防治水土流失、抵御自然灾害及改善生态环境等方面起着至关重要的作用。我国的森林资源丰富，类型多样，但长期以来的植被破坏对生态环境造成了严重的不利影响。森林植被的恢复与重建对我国社会经济可持续发展和生态文明建设具有重大意义。

　　结构决定功能，林分结构是森林生态、水文学科研究的基础。天然林与人工林的林分结构有很大差异。在人工林经营过程中，对不同立地条件的人工林地进行密度调控是人工林经营的主要内容。密度是否合理，直接影响到人工林生产力的提高和功能的发挥，也是林区木材来源与经济发展的重要保证。探索合理密度一直是森林培育研究及生产的重要课题。

　　森林有多种生态水文功能。其中，森林在降雨分配、环境调节及生物多样性维护等方面的功能，是森林生态系统的重要生态水文功能，有重要的生态水文意义。森林冠层通过林冠与树干对降水的截留进而对大气降水进行分配，形成了穿透雨与树干茎流，该过程受林分结构与较多环境因素——主要为气象环境因素影响，也相应有较多种林冠截留模型对其进行解释与模拟，而其中 Gash 模型及其修正模型是其中在理论与实际应用中均较为成功的模型。由于建立在一定的理论基础上，且有较为精细的数学约束与算法，模型对客体的模拟与解释有很好的系统性与科学性，是开展研究工作的有力工具。通过建立精细的截留模型，有利于对森林冠层降雨分配的理论研究与实践。

　　本书以河北省木兰围场国有林场管理局北沟林场为研究区，以区域天然次生林为对照，对不同调控密度程度下油松、华北落叶松人工林的降雨分配及环境功能进行研究，通过因子分析的多元降维方法提炼冀北山地油松人工林、华北落叶松人工林和天然次生林的林分结构、降雨分配和环境功能特征，并采用典型相关分析方法揭示林分结构与功能特征的耦合关系。在林冠降雨分配的研究过程中，通过 Visual Basic 语言程序实现修正 Gash 模型对研究区森林冠层降雨分配的全面、动态、便捷模拟与分析。此外，通过自制的测定装置对林内蒸散与林木胸径生长进行测定，对冠层持水能力参数的确定方式进行探索，为相关的功能研究提供实测参考或思路。

著者

2015 年 6 月

目　录

前　言

第1章　国内外研究进展 ……………………………………………………… 1
　1.1　森林结构研究 ……………………………………………………… 1
　1.2　森林降雨分配、环境功能研究 …………………………………… 3
　1.3　森林功能与结构的耦合 ………………………………………… 18

第2章　研究区概况 ………………………………………………………… 19
　2.1　木兰围场概况 …………………………………………………… 19
　2.2　北沟林场森林资源概况 ………………………………………… 23

第3章　研究内容与方法 …………………………………………………… 24
　3.1　技术路线 ………………………………………………………… 24
　3.2　调查、试验布设及数据采集 …………………………………… 24
　3.3　数据处理、分析及模型构造方法 ……………………………… 34

第4章　林分降雨分配功能变量 …………………………………………… 80
　4.1　降雨特征 ………………………………………………………… 80
　4.2　林分穿透率分析 ………………………………………………… 81
　4.3　林分树干茎流率分析与中雨雨量级（10~25mm）树干茎流率的求算 …… 100
　4.4　中雨雨量级（10~25mm）林分截留散失率推算 …………… 101
　4.5　林地枯落物饱和持水率 ………………………………………… 102
　4.6　林地土壤饱和持水率 …………………………………………… 102
　4.7　油松人工林林内蒸散 …………………………………………… 103

第5章　降雨分配及环境变量与林分结构变量耦合 …………………… 105
　5.1　林分结构变量因子分析 ………………………………………… 105
　5.2　林分降雨分配功能变量因子分析 ……………………………… 108
　5.3　林分结构与降雨分配功能变量的典型相关分析 …………… 111

第6章　冠层参数的提取结果 ……………………………………………… 113
　6.1　树干茎流系数 P_t ……………………………………………… 113
　6.2　林冠持水能力 S ……………………………………………… 114

6.3　树干持水能力 S_t　………………………………………………………………… 117

第 7 章　基于 VB 编程的修正 Gash 模型模拟系统对降雨分配的模拟 ……… 119
　　7.1　冠层参数 S、S_t、P_t ……………………………………………………… 120
　　7.2　林冠郁闭度 c ……………………………………………………………… 120
　　7.3　模拟有效降雨的环境变量 ……………………………………………… 120
　　7.4　模拟有效降雨截留量、树干茎流量与穿透雨量的模拟 ……………… 121
　　7.5　模拟有效降雨动态模拟的变参数分析 ……………………………… 126

第 8 章　结论 …………………………………………………………………………… 134

参考文献 ………………………………………………………………………………… 136

第1章

国内外研究进展

森林的降雨分配功能与气象、植物环境功能的耦合关系是生态、水文学科涉及的重要问题。人工油松（*Pinus tabulaeformis*）林、人工华北落叶松（*Larix principis-rupprechtii*）林与以天然华北落叶松、白桦（*Betula platyphylla*）、山杨（*Populus davidiana*）为优势树种的天然次生林是冀北山地林区较为典型的森林类型，对该地区降雨的再分配有较重要的作用。油松是我国北部暖温带重要造林树种之一，对于保持土壤、改善环境条件、提供国家建设对木材的需要起了一定作用（董世仁等，1987），华北落叶松广泛分布于我国华北、西北等地区，是主要人工林树种，有非常重要的水土保持、涵养水源等作用（鲁兴隆等，2007）。

1.1 森林结构研究

林分结构一直是林业研究的重点。研究者对林分结构概念的定义包括如林分中树种、株数、胸径、树高等因子的分布状态（李毅等，1994）；林分所包含的树种及林木大小值分布（陈东来等，1994）。孟宪宇（1995）指出，人工林与天然林在未遭受严重干扰的情况下，林分内部的许多特征因子，如直径、树高、形数、材积、材种、树冠及复层异龄混交林中的林层、年龄和树种组成等，都具有一定分布状态，且表现出较稳定的结构规律性，称为林分结构规律；林分结构是指一个林分的树种组成、个体数、直径分布、年龄分布、树高分布和空间配置（岳永杰等，2008）。从森林经营的角度看，林分结构的研究内容包括树种组成和多样性分析，林分的水平结构、垂直结构与空间结构等。其中，常规林分结构主要包括树种结构、直径结构、树高结构、年龄结构、蓄积（生物量）结构、林分密度、群落层次结构、郁闭度等。

林分结构的相关研究可概括为森林群落种类组成结构、垂直与水平结构、森林林龄结构及林分的空间结构4个方面。

1.1.1 森林群落种类组成结构

森林群落组成和结构是群落生态学研究的基础，不同植物群落结构与功能存在很大差异（岳永杰等，2008）。岳永杰曾对我国不同森林群落的植物类型种类组成方面的研究进行了总结，涉及针叶林（王建林等，2002；曹洪麟等，1998）、亚热带常绿阔叶林（胡正华等，2003；张宜辉等，2002）、针叶阔叶混交林（冉潇等，2006；昝启杰等，2000）、热带雨林（臧润国等，2001；方精云等，2004）以及人工林和毛竹林（刘思土等，2003）。

1.1.2 森林的垂直与水平结构

群落的垂直结构主要指群落分层现象（孙儒泳等，1993），而水平结构表现为组成群落的各种植物或生活型在群落中的水平分布格式，其主要特征就是镶嵌性。林分群落垂直结构层次的划分方面，方精云等（2004）将直径级作为森林结构划分变量，将海南尖峰岭山地雨林划分为4层：小乔木层（DBH≤20cm），中乔木层（20cm<DBH≤50cm），乔木层（50cm<DBH≤80cm），与高大乔木层（DBH>80cm）。赵淑清等（2004）在大兴安岭呼中地区白卡鲁山植物群落结构研究中将植物群落划分为乔木层、灌木层和草本层3层。

林分群落水平结构层次划分方面，林分直径结构可反映各径级林木株数分布，直径分布研究大体上可分为2个阶段（岳永杰等，2008）：静态拟合阶段（惠刚盈等，1995）与动态预测阶段（孟宪宇等，1991）。林分水平结构多应用水平投影来研究（岳永杰等，2008），如胡艳波（2003）用水平投影图反映植被水平分布的研究。

1.1.3 森林林龄结构

林龄分布在生态学是指年龄结构，即林木株数按年龄分配的状况，是林木更新过程长短和更新速度快慢的反映（孟宪宇等，1995）。年龄结构分析有益于估计斑块入侵速度，分析不同地理条件对群落发展的影响，并有助于理解群落内部的动力学（Hansorg Dietz等，2002）。

1.1.4 林分的空间结构

林分的空间结构目前为林业学科研究的热点，其体现树木在林地上的分布格局与其属性在空间上的排列方式，即林木间树种、大小与分布等空间关系，是与林木的空间距离有关的林分结构（岳永杰等，2009；孟汤平等，2004）。林分空间结构一般从3个主要方面描述（惠刚盈等，2001；惠刚盈等，2003；雷相东等，2002）：混交——反映树种空间隔离程度；竞争——林木个体大小分化程度；分布格局——林木个体在水平面上的分布形式。这3个主要方面描述分别采用混交度、大小比数和角尺度来表达（惠刚盈等，2001）。目前关于林分空间结构的研究较多，如岳永杰等利用角尺度、大小比数和混交度3个林分空间结构参数分析了蒙古栎天然林的空间结构特征（岳永杰等，2009）；刘彦等（2009）利用3种空间结构参数分析了刺槐人工林的林分空间结构。吕锡芝等（2010）用百花山自然保护区核桃楸华北落叶松混交林样地调查数据，利用角尺度、大小比数和混交度分析了核桃楸华北落叶松混交林的空间结构特征。苏薇等（2008）用3个林分空间结构参数分析了北京市松山自然保护区油松天然林的空间结构特征。张佳音等（2010）分析了北京十三陵林场的人工侧柏林公顷级样地的结构和空间分布格局。

1.2 森林降雨分配、环境功能研究

1.2.1 森林降雨分配功能

水是生态系统物质流通中最主要的部分（Richard H W 等，1985）。森林对降水再分配的调节作用是森林生态系统重要的水文功能之一（曹云等，2007；李文华等，2001；石培礼等，2004；Marin C T 等，2000）。

1.2.1.1 林冠层对降雨的分配

森林降雨分配研究主要以对降雨量（rainfall，precipitation）、穿透雨（throughfall）、树干茎流（stemflow）3个主要指标的观测及对林冠截留（interception）的确定为基础，涉及冠层持水能力 s（或冠层容量）（郭明春等，2005）、树干持水能力 S_t（或树干容量）（郭明春等，2005）、树干茎流系数 p_t（干流系数）（郭明春等，2005）与林冠郁闭度等冠层参数的确定，涉及降雨强度（precipitation rate）、饱和林冠蒸散速率（evaporation rate）等气象参数的确定及相关环境变量如气温、太阳辐射、空气湿度、气压、风速等指标的观测。

（1）穿透雨、树干茎流与林冠截留

在林冠对降水的再分配过程中，经过林冠对降水的截留、汇集作用，分别形成穿透雨与树干茎流。其中，穿透雨指直接穿过林冠的，以及降落到叶面、枝干上再滴落下来的雨水（王文等，2010），为林下降水的主要输入方式，其变化特征影响降水从林冠到土壤的转移、林地水土流失变化与养分循环（Marin C T 等，2000；Gmez J A 等，2002；郭忠升等，2003；Sun G 等，2002；Taniguchi M 等，1996），有突出的生态水文意义。树干茎流量指降落并积蓄在树木叶、枝及树干上的雨水，当其重力超过表面张力作用时，其中一部分沿树枝、树干流到树木根部形成的水流（王文等，2010）。林冠截留量由林外总降雨量减去林下透落雨量及树干茎流量求得，林冠截留的测定须进行包括林外总降雨量、林下透落雨量及树干茎流量这3个变量的观测（王文等，2010）。降雨截留损失作为蒸散发的主要组成部分，通过穿透雨、干流与总雨量来测量，虽然干流对养分循环（Levia D F 等，2003）与地下水补给（Taniguchi M 等，1996）有显著意义，但干流一般小于穿透雨。干流一般占总降雨量的比例小于10%（Marin C 等，2000；Kuraji K 等，2003；Toba T 等，2005；Manfroi O J 等，2004），然而穿透雨占森林总降雨量的40% ~90%（Llorens P 等，2007）。

国外研究者一般认为温带针叶林林冠截留率在20% ~40%之间（战伟庆等，2006；Gash J H C 等，1980；Rutter A J 等，1971；Teklehaimanot Z 等，1991；Viville D 等，1993）。我国南北不同气候带及其相应的森林植被类型的截留率变动范围在11.4% ~34.3%（温远光等，1995）。目前国内关于人工油松、落叶松林、天然次生林平均水平的降雨穿透率（或穿透率、透流率）、干流率及截留率的一些研究情况如表1-1所示。

并且，从树种角度来看，冀北山地白桦平均林冠截留率为33.76%，山杨为27.64%（李淑春等，2011），这样可知，白桦与山杨的平均穿透率分别为66.34%与72.36%。

表 1-1　国内关于油松人工林、落叶松林、天然次生林的透流率、干流率及截留率的实测值

Table 1-1　Measured value of throughfall rate, stemflow rate and interception rate of planted Chinese pine forests, planted larch forests and natural secondary forest in China

研究者	林分类型	林龄（年）	透流率（%）	干流率（%）	截留率（%）
董世仁等	油松人工林	28	69.70，80.40	7.80，3.10	22.50，16.50
陈丽华等	油松人工林		64.40	25.40	0.55
肖洋等	油松人工林	33	67.65	0.68	31.67
鲍文等	油松人工林	23	54.62	8.41	36.97
曾杰等	油松人工林		82.00	2.10	15.90
赵鸿雁等	油松人工林	32~37	71.60（推算）	3.30	25.10
陈云明等	油松人工林	28	78.30	19.00	2.70
杨澄等	油松人工林	30	77.15	20.02	1.80
刘建立等	落叶松人工林		74.94	0.16	25.08
刘春延等	落叶松人工林	32	76.56	0.57	22.87
李淑春等	落叶松桦木混交林（人工）		68.94	2.56	31.30
李淑春等	山杨桦木混交林（天然）		68.81	3.47	25.20
李淑春等	油松蒙古栎混交林（天然）		75.31	3.67	32.70
巩合德等	亚高山白桦林（天然）		80.90	0.30	18.90

目前国内外对森林生态系统的穿透雨方面的研究结果很多，对于穿透雨影响因素多有分析与讨论。研究表明，穿透雨受多种因素影响，比如冠层结构（Taniguchi M 等，1996；Rowe L K 等，1983；Park H T 等，2000；Deguchi A 等，2006）、气象条件（Staelens J 等，2006）（如降雨大小）。影响穿透雨分配的冠层特征包括：树木的形状及大小，冠层的粗糙度及冠层厚度，枝条的格局，树叶的叶倾角及叶面积指数（LAI）等（Ford E D 等，1978；Johnson R C 等 1990）。有些研究也表明林下穿透雨的变异与降雨量呈一定的负相关（Rodrigo A 等，2001；Loustau D 等，1992；Viville D 等，1993）。一般地，穿透雨量与降雨量成正相关，而穿透率（透流率）一般随降雨量增大而增大并趋于稳定。也有研究表明，穿透雨与叶面积指数无明显关系（Loescher H W 等，2002；Carlyle - Moses D E 等，2004；Ziegler A D 等，2009）。又如，据 Marin 等研究，降雨量、降雨持续时间、林隙和叶面积系数是决定亚马孙西部雨林降雨分配的主要参数（Marin C 等，2000）。Johannes Dietz 等（2006）曾将穿透雨量与平均树高、平均叶面积指数建立多元线性回归（Dietz J，2006）。有研究者将影响林冠截留分配效应的主导因素总结为降水特征（包括降水量、降水过程以及降水形态等）与林分状况（包括林分郁闭度、冠幅、林木密度、胸径大小等）（鲍文等，2006）。在较小的降雨量级，随降雨量的增大截留量增加较快；而在较大降雨量级，随着降雨量增加截留量递增缓慢，而截留率却急剧减少，反映了林冠截留降雨的有限性。郁闭度越大，截留量和截留率越大，但随降雨量级增加，郁闭度对林冠截留的影响减弱（鲍文等，2006）。郁闭度越大，截留率和茎流率越大，穿透水比率越小，在降雨量较小时，这种影响尤为重要，然而随着降雨量级或降雨量的增加，这种影响逐渐减弱（曾杰等，1997），截留受包括降雨频率、降雨强度、降雨持续时间、树种、林龄、林分密度、林冠蒸发能力和林冠结构特征等

多种因素影响（巩合德等，2004；王礼先等，1998）。穿透雨和降雨的关系尤为密切，降雨量和降雨强度越大，穿透雨量越大，但森林郁闭度越大，穿透雨量越小（巩合德等，2004）。随着降雨量的增加，林冠结构对林下降雨的影响表现得愈来愈明显（刘曙光等，1988）。有研究表明，冠层覆盖度、枝叶层厚度与林下的穿透雨率之间有一定的负相关关系，但这种影响均没有达到显著水平（李振新等，2004）。整体上，穿透雨的影响因素主要包含在降雨因素与林分结构因素两大类中，穿透雨的空间结构与林分结构的关系是目前比较关注的问题（Zimmermann B 等，2010）。

树干茎流方面，王文等（2010）对单株树干茎流量换算为树干茎流水深的方法进行了总结，较为常见的做法有：根据林分密度（黄承标等，1994），按林木径级加权平均（董世仁等，1987），根据树冠投影面积（Jackson I J 等，1975）。Hanchi 等（1997）提出了首先建立样地内代表性树木树干茎流量与树木 DBH（胸径）之间的回归关系，然后计算样地内所有树木的树干茎流量，进而换算样地的树干茎流水深。有研究者认为，只有在树体充分湿润后，树干才会产生树干茎流（鲍文等，2006）。在油松人工林内，当林外降水量小于2.8mm 时，几乎不发生树干茎流。树干茎流除与降水量、降水形态等有关外，还受林木胸径大小的影响。在林外降水相同的条件下，胸径越大，产生树干茎流量越多；胸径越小，产生的树干茎流量越少，在林外降水量大于 15mm 表现突出。但是在林外降水量较小且降水历时较长时，会出现树干茎流随着胸径的增大而减少的现象（鲍文等，2006）。曾杰等通过研究认为，树干茎流量与胸径、树高之间相关性并不显著，没有一定的规律。郁闭度影响着林冠对降雨的第一次分配，郁闭度越大，截留率和干流率越大，穿透水比率越小（曾杰等，1997）。在降雨量较小时，这种影响尤为重要，然而随着降雨量级或降雨量的增加，这种影响逐渐减弱（曾杰等，1997）。Aboal 等认为，树干茎流量主要取决于植被的结构特征和降雨特征（Aboal R，1999）。普遍认为，树干茎流随径级和冠幅的增大而增大，以树木胸径和树干茎流的相关性为基础的方法是计算林地树干茎流的最好的方法（Hanchi A 等，1997）。但某些研究的观测结果没有表现出这样（树干茎流随径级和冠幅的增大而增大）的规律，即有的样树胸径和冠幅较小而树干茎流量较大，有的样树胸径和冠幅较大树干茎流量反而较小。万师强等（2000）的研究也表明，树木的平均干流量一般随径级和冠幅的增大而增大；但由于树冠结构的不同，有些胸径和冠幅较大的树木干流量反而较小。Helrey 和董世仁等也得到过相同的结论。万师强等（2000）还采用降水量、平均雨强、最大雨强、降水持续时间和前 24h 降水量 5 个自变量对各森林类型的干流量进行多元回归分析发现，4 种森林类型的干流量（mm）除与降水量 P（mm）密切相关外，还与前 24h 降水量 P（mm）显著相关，但与其他 3 项降水特性相关不显著。并利用干流量与降水量的一元线性回归方程，计算各森林类型干流率的理论最大值：油松林为 3.80%，落叶松林为 7.02%。

（2）冠层参数与气象参数

① 冠层持水能力 S（冠层容量）

不同研究者对冠层持水能力的定义不同（王文等，2010），冠层持水能力取决于叶、枝、树干的表面持水能力；林冠结构、叶表面积指数，同时受到风速、雨滴大小等因素的影响，不是固定的常数。Horton 等（1919）将冠层持水能力定义为林冠最大吸附量，以林冠投影面积上的水层厚度表示，这个定义是最广泛使用的；Klaassen 等（1998）更明确地将该参数定义为树冠快速排水过程停止后的最大可能蓄水量；Rutter 等（1971）将其定义为使冠层饱和的最小截留雨量，等等。

王文等对冠层持水能力的测定方法进行了总结（王文等，2010）：

A. 直接确定方法：对于高大树冠，一种测定持水能力的简易方法是，截取少量枝叶，让其充分吸水、称重，然后再以估算的林冠生物量推求林冠最大容水量（Herwitz S R，1985；Crockford R H，1990），但准确地由局部持水能力推求全树冠持水能力是采用这种方法的难题（王文等，2010）。其他方法有 Lloren 提出的树下拍照结合局部树冠、树枝持水能力量测的方法，Bouten 等与 Friesen 等通过设计特定装置确定冠层水能力的方法等。

B. 间接确定方法：许多研究者根据多场降水事件（前期 8~12h 无降雨，以保证树冠基本干燥）的截留量观测数据，以总降水量、透落雨量（或净雨量）相关关系为基础，间接确定冠层持水能力，但具体做法有所不同。

a. 建立透落雨量与总降水量之间的回归方程，则透落雨量为零时的总降水量即为冠层持水能力，这种方法未考虑蒸发的影响（Zimmermann B 等，2010）。

b. Leyton 等（1967）提出以总降水量为横坐标，以透落雨量为纵坐标绘散点图，作斜率为（$1-p_t$）的直线，其中 p_t 为降水量转化为树干茎流量的比例。该线仅穿过最上方的若干散点，而将其他散点罩在该线下方。假定该线代表蒸发量最小时透落雨量与总降水量之间的关系，则该线与纵轴的截距（负值）代表了树冠持水能力。这个方法被广泛使用（Gash J H C 等，1978）。

此外，还有学者（Jackson 等）也以总降水量为横坐标，以透落雨量为纵坐标作散点图，根据降雨量大小是否使冠层达到饱和将图中散点分两部分处理，增加了分析的技术程度。鉴于 Leyton 等与 Jackson 等的方法都存在对于关键数据点选取有明显主观性不足，且对于不同降水事件冠层持水能力有所不同，Klaassen 等又提出了改进方法（王文等，2010）。

②树干持水能力 S_t（或树干容量）与树干茎流系数 p_t（干流系数）

对于树干持水能力 S_t 与树干茎流系数 p_t（树干容量和干流系数）的确定方法是用林外降雨与树干茎流量作散点图，作树干茎流量对林外降雨的回归直线，用直线斜率表示干流系数，截距表示树干容量（郭明春等，2005）。又有学者将树干持水能力 S_t 取树干茎流量与降雨量关系式（直线）在 y 轴截距的负值，将树干茎流系数 p_t 取（直线的）斜率（Limousin J M 等，2008；Gash J H C 等，1979）。也有研究直接将 p_t 取降水量转化为树干茎流量的比例（Leyton L 等，1967）。

③林冠郁闭度与叶面积指数（LAI）

郁闭度为林冠垂直投影面积与林地面积之比，测定方法如传统的树冠投影法、测线法及样点统计法（林业部调查规划设计院，1981），有依靠仪器的冠层分析仪法，还有适于大范围监测的遥感解译法（王文等，2010）。

叶面积指数（LAI）也是计算植物冠层截留量时很常用的参数，其测量方法包括直接测量法与间接测量法。直接测量法是通过采集植株的树叶或落叶，或通过建立树叶质量与胸径之间的回归方程，直接测量或推算叶面积，再计算叶面积指数；间接测量方法有 3 类：辐射测量法、鱼眼镜头成像测量法及遥感法。

④降雨强度（precipitation rate）与饱和林冠蒸散速率（evaporation rate）

降雨强度为单位时间的降雨量。饱和林冠蒸发速率一般通过 Penman - Monteith 公式计算。

1.2.1.2　Gash 解析模型的详细推导与修正 Gash 模型描述

（1）截留模型的发展

林冠截留是对输入森林生态系统水分的调节起点，是森林水文学研究的重要内容（何常清等，2010）。林冠截留受多种因素综合影响，如降雨强度、持续时间、雨滴大小分布、方向、角度等降雨特性因素（Schellekens J 等，1999；Crockford R H 等，2000）以及森林类型、林冠结构、林龄、叶面积、郁闭度（Dietz J 等，2006；Nadkarni N M 等，2004；Iida S 等，2005；Dang H Z 等，2005）等林分自身特征。林冠截留模型是估算、预测林冠截留的有效工具，国内外学者已推导出许多经验、半经验模型和理论模型（Liu J 等，1988；王彦辉等，1998；刘家冈等，2000；张光灿等，2000）。Horton 模型、Leonard 模型及 Helvey 模型等早期的降雨截留模型没有考虑降雨强度、林分特征等因素对截留的影响（郭明春等，2005）。Rutter（1971）的概念模型在一定程度上考虑了气象因子与林分结构对降雨的影响，能够估计截留的不同组分如降雨期间和降雨停止后的截留损失，其特点是用蒸发理论处理附加截留问题，克服了用经验公式求算附加截留的弊端，但气象要素的测定与计算比较繁琐，给实际应用带来不便（刁一伟等，2004）。Gash（1979）在 Rutter 模型基础上将其简化推导，建立了林冠截留的解析模型。以后 Gash 等又对该模型进行了修正使之适用于稀疏林地（Gash J H C 等，1995）。Gash 解析模型结合了雨湿特征、林冠特征及空气动力学特征，并从截留机理出发，能够在获得林冠截留总量的基础上对截留各个组成部分有所了解（王馨等，2006）。

目前 Gash 解析模型及其修正模型广泛应用于不同森林类型、不同气候条件的林冠截留研究中（Deguchi A 等，2006；Erbst M 等，2008；Dykes A P 等，1997；Návar J 等，1999）。又如 Schellekens 等（1999）与 Bruijnzeel 等（1987）应用 Gash 解析模型对热带森林林冠截留的模拟。而修正的 Gash 模型具有更好的物理基础，被推荐为更加适用于不同的森林类型林冠截留模拟研究中（何常清等，2010；Gash J H C 等，1995；Carlyle - Moses D E 等，2004），如 Limousin 等（2008）应用修正 Gash 模型对地中海森林林冠截留的模拟。

Gash 解析模型及其修正模型的实际应用方面，国内董世仁等（1987）、王馨等（2006）、季冬等（2007）、彭焕华等（2010）用 Gash 解析模型分别对我国华北油松人工林、西双版纳热带季节雨林森林、贡嘎山暗针叶林与祁连山北坡青海云杉林林冠截留进行了模拟；何常清等（2010）、赵洋毅等（2011）、孙向阳等（2011）应用修正 Gash 模型分别对我国岷江上游亚高山川滇高山栎林与缙云山毛竹林林冠截留进行了模拟。

（2）Gash 解析模型的详细推导过程

笔者对 Gash 1979 年的论文中解析模型的分项求和公式进行了详细推导，以求加深对该模型的认识。将详细推导过程分 10 个部分列出。

① 截留量与降雨量的一般回归关系。Gash 总结以往研究，列出截留量与降雨量的一般回归关系：

$$I = aP_G + b \tag{1-1}$$

式（1-1）中，I 为截留量；P_G 为降雨量；a、b 为回归系数。这些变量在推导过程中通用。

② 使冠层达到饱和的单次降雨引起的冠层水分截留散失的推导。对于任意一场可以使冠层达到饱和的降雨事件，Horton 在 1919 年将林冠水分截留散失损失表述为：

$$\int_0^t E dt + S \qquad\qquad (1-2)$$

式（1-2）中，E 为冠层蒸发速率；S 为冠层持水能力；t 为降雨历时，这些变量在推导过程中通用。

公式（1-2）中 S 的定义是：降雨停止、林木冠层饱和时冠层的持水量。由式（1-2）可知，林冠截留损失包括冠层持水（S）与冠层蒸发（$\int_0^t E dt$）两个主要部分。即大气降雨量中由于受到冠层拦阻未到达地面而最终通过蒸发形式回到大气中的部分，一部分遇到冠层后直接蒸发了，即 $\int_0^t E dt$；而另一部分暂时储存在冠层中，待雨停后蒸发回到大气中，即 S。

将降雨过程分为冠层未饱和与冠层饱和两个时间段来考虑。设 t' 为冠层达到饱和的时间，将式（1-2）中的 $\int_0^t E dt$ 以 t' 为界分为冠层未饱和时的冠层蒸发与冠层饱和时的冠层蒸发两部分，得到式（1-3）：

$$I = \int_0^{t'} E dt + \int_{t'}^t E dt + S \qquad\qquad (1-3)$$

式（1-3）中，t' 为冠层达到饱和的时间，即冠层未饱和阶段的历时，该变量在推导过程中通用。而 $t-t'$ 即为冠层饱和阶段的历时。$\int_0^{t'} E dt$ 为冠层未饱和时的冠层蒸发，$\int_{t'}^t E dt$ 为冠层饱和时的冠层蒸发。

定义平均蒸发速率 $\bar{E}$ 与平均降雨强度 $\bar{R}$。蒸发速率是不断变化的，在 $t' \sim t$ 的冠层饱和时段内，对于 $\bar{E}$，有：

$$\bar{E} = \frac{\int_{t'}^t E dt}{t - t'} \qquad\qquad (1-4)$$

式（1-4）中，$\bar{E}$ 为平均蒸发速率，该变量在推导过程中通用。

类似地，对于 $\bar{R}$，有：

$$\bar{R} = \frac{\int_{t'}^t R dt}{t - t'} \qquad\qquad (1-5)$$

式（1-5）中，$\bar{R}$ 为平均降雨强度，该变量在推导过程中通用。

降雨量是降雨强度的原函数，根据牛顿-莱布尼茨公式将式（1-5）中降雨强度的积分形式转换为原函数降雨量差的形式，得式（1-6）：

$$\int_{t'}^t R dt = P_G - P_G' \qquad\qquad (1-6)$$

式（1-6）中，P_G' 为冠层达到饱和的降雨量，该变量在推导过程中通用。

将式（1-6）代入式（1-5），得式（1-7）：

$$\bar{R} = \frac{P_G - P_G'}{t - t'}, \text{即} \quad t - t' = \frac{P_G - P_G'}{\bar{R}} \qquad\qquad (1-7)$$

将式（1-7）代入式（1-4）；或直接用式（1-4）除以式（1-5）再用式（1-6）中的 $P_G -$

$P_G{}'$ 代换 $\int_{t'}^{t} R \mathrm{d}t$，得式（1 – 8）：

$$\int_{t'}^{t} E \mathrm{d}t = \bar{E}(t - t') = \frac{\bar{E}}{R}(P_G - P_G{}') \qquad (1 - 8)$$

将式（1 – 8）代入式（1 – 3），得式（1 – 9）：

$$I = \int_{0}^{t'} E \mathrm{d}t + \frac{\bar{E}}{R}(P_G - P_G{}') + S \qquad (1 - 9)$$

③ 使冠层饱和达到的降雨量 $P_G{}'$ 的分解与引入

关于 $P_G{}'$，有式（1 – 10）：

$$(1 - p - P_t)P_G{}' = S + \int_{0}^{t'} E \mathrm{d}t \qquad (1 - 10)$$

式（1 – 10）中，p 为自由穿透系数，即降雨没有击溅至林木冠层的比例；P_t 为降雨量转化为树干茎流量的比例，即干流系数。Gash 在 1979 年的论文中假设冠层达到饱和前没有雨水滴落，这样，笔者认为，式（1 – 10）的物理意义应理解为：使冠层达到饱和时的降雨量 $P_G{}'$ 排除自由穿透与树干茎流，即乘以 $(1 - p - P_t)$ 后，剩下的雨量分配于冠层持水 S 与饱和前的冠层蒸发 $\int_{0}^{t'} E \mathrm{d}t$。

④ 单次降雨引起的冠层水分截留散失与截留量与降雨量的一般回归关系

将式（1 – 10）写成表示 $P_G{}'$ 的形式，将式（1 – 9）中的 $P_G{}'$ 代换，经整理，提公因式 $S + \int_{0}^{t'} E \mathrm{d}t$ 得式（1 – 11），即 Gash 1979 年论文中的式（7）：

$$I = \frac{\bar{E}}{R}P_G + \left(S + \int_{0}^{t'} E \mathrm{d}t\right)\left[1 - \frac{\bar{E}}{R}(1 - p - P_t)^{-1}\right] \qquad (1 - 11)$$

Gash 在论文中指出，如果令式（1 – 11）中：$\dfrac{\bar{E}}{R} = a$，$\left(S + \int_{0}^{t'} E \mathrm{d}t\right)\left[1 - \dfrac{\bar{E}}{R}(1 - p - P_t)^{-1}\right] = b$，则式（1 – 11）可与截留量与降雨量的一般回归关系即式（1 – 1）对应，当蒸散速率 $\bar{E}$ 为 0 时，a 即为 0，这样可得到冠层持水能力的估计值 S。

⑤ Gash 解析模型建立的假设条件

模型建立有几个假设。最初步的假设是用一系列不连续的、中间间隔了足够长时间以保证冠层与树干干燥的降雨来描述真实降雨事件是可能的。此外还有 2 个假设：

a. 降雨与冠层蒸发可以考虑用于它们的瞬时状态中。

b. Rutter 等（1971）在 1971 年观测到的"滴落率"与冠层饱和度的对数相关关系非常敏感，（于是假设）在冠层加湿过程中没有滴落；降雨过程结束时冠层的含水量迅速（在 20 ～ 30min 内）减小到 S——满足冠层饱和所需的最小水量值，降雨停止时的冠层水量不依赖于冠层水量的初始值。

⑥ 使冠层达到饱和的 n 次降雨的冠层截留推导

设使冠层达到饱和的降雨次数为 n 次。将式（1 – 3）写成 n 次降雨求和形式，得式（1 – 12）：

$$\sum_{j=1}^{n} I_j = \sum_{j=1}^{n} \left[\int_0^{t_j'} E \mathrm{d}t + \int_{t_j'}^{t_j} E \mathrm{d}t \right] + nS \qquad (1-12)$$

式(1-12)中，n 为使冠层达到饱和的降雨次数；j 表示第 j 次降雨；t_j' 为第 j 次降雨的冠层达到饱和的时间，即冠层未饱和阶段的历时。这些变量在推导过程中通用。而 $t_j - t_j'$ 即为第 j 次降雨冠层饱和阶段的历时。$\int_0^{t_j'} E \mathrm{d}t$ 为第 j 次冠层未饱和时的冠层蒸发，$\int_{t_j'}^{t_j} E \mathrm{d}t$ 为第 j 次冠层饱和时的冠层蒸发。

将式(1-4)推广到 n 次降雨求和形式，得式(1-13)：

$$\overline{E} = \frac{\sum_{j=1}^{n} \int_{t_j'}^{t_j} E \mathrm{d}t}{\sum_{j=1}^{n} (t_j - t_j')} \qquad (1-13)$$

类似地，将式(1-5)推广到 n 次降雨求和形式，得式(1-14)：

$$\overline{R} = \frac{\sum_{j=1}^{n} \int_{t_j'}^{t_j} R \mathrm{d}t}{\sum_{j=1}^{n} (t_j - t_j')} \qquad (1-14)$$

根据牛顿-莱布尼茨公式，将式(1-14)中降雨强度的积分形式转换为原函数降雨量差的形式，得式(1-15)：

$$\overline{R} = \frac{\sum_{j=1}^{n} (P_{Gj} - P_{Gj}')}{\sum_{j=1}^{n} (t_j - t_j')} \qquad (1-15)$$

式(1-15)中，P_{Gj} 为第 j 次降雨降雨量；P_{Gj}' 为第 j 次降雨使冠层达到饱和时的降雨量。这些变量在推导过程中通用。

用式(1-13)除以式(1-14)消去时间部分 $\sum_{j=1}^{n} (t_j - t_j')$，再用式(1-15)中的 $\sum_{j=1}^{n} (P_{Gj} - P_{Gj}')$ 代换 $\sum_{j=1}^{n} \int_{t_j'}^{t_j} R \mathrm{d}t$，得式(1-16)：

$$\sum_{j=1}^{n} \int_{t_j'}^{t_j} E \mathrm{d}t = \frac{\overline{E}}{\overline{R}} \sum_{j=1}^{n} (P_{Gj} - P_{Gj}') \qquad (1-16)$$

将式(1-16)代入式(1-12)，得式(1-17)：

$$\sum_{j=1}^{n} I_j = \sum_{j=1}^{n} \left[\int_0^{t'} E \mathrm{d}t + \frac{\overline{E}}{\overline{R}} (P_{Gj} - P_{Gj}') \right] + nS = \sum_{j=1}^{n} \int_0^{t'} E \mathrm{d}t + \frac{\overline{E}}{\overline{R}} \sum_{j=1}^{n} (P_{Gj} - P_{Gj}') + nS$$
$$(1-17)$$

将式(1-10)推广到 n 次降雨求和形式，得式(1-18)：

$$(1 - p - P_t) \sum_{j=1}^{n} P_{Gj}' = nS + \sum_{j=1}^{n} \int_0^{t_j'} E \mathrm{d}t \qquad (1-18)$$

将式(1-18)写成表示 $\sum_{j=1}^{n} \int_0^{t_j'} E \mathrm{d}t$ 的形式，将式(1-17)中的 $\sum_{j=1}^{n} \int_0^{t_j'} E \mathrm{d}t$ 代换，得式(1-19)，即 Gash 1979 年论文中的式(1-10)：

$$\sum_{j=1}^{n} I_j = (1 - p - P_t) \sum_{j=1}^{n} P_{Gj}' - nS + \frac{\overline{E}}{\overline{R}} \sum_{j=1}^{n} (P_{Gj} - P_{Gj}') + nS$$

$$= P_G' \sum_{j=1}^{n} (1 - p - P_t) + \frac{\overline{E}}{\overline{R}} \sum_{j=1}^{n} (P_{Gj} - P_{Gj}') \qquad (1-19)$$

⑦ 未使冠层达到饱和的 m 次降雨的截留量计算

设冠层未达到饱和的降雨次数为 m 次。对于这 m 次降雨，由于假设条件是冠层达到饱和前无雨滴滴落，排除自由穿透、干流，滴落至冠层的降雨量全部被冠层截留，这 m 次降雨中单次降雨的截留量如式(1-20)所示：

$$I_m = P_G(1 - p - P_t) \qquad (1-20)$$

式(1-20)中，m 为冠层未达到饱和的降雨次数；I_m 为冠层未达到饱和的 m 次降雨中单次降雨的截留量。这些变量在推导过程中通用。

将式(1-20)推广到 m 次降雨求和形式，得式(1-21)：

$$\sum_{j=1}^{m} I_j = (1 - p - P_t) \sum_{j=1}^{m} P_{Gj} \qquad (1-21)$$

式(1-21)中，$\sum_{j=1}^{m} I_j$ 即为冠层未达到饱和的 m 次降雨的总截留量。

⑧ $m + n$ 次降雨的冠层截留量的统一

将式(1-19)与式(1-21)相加，得式(1-22)：

$$\sum_{j=1}^{m+n} I_j = (1 - p - P_t) \sum_{j=1}^{n} P_{Gj}' + \frac{\overline{E}}{\overline{R}} \sum_{j=1}^{n} (P_{Gj} - P_{Gj}') + (1 - p - P_t) \sum_{j=1}^{m} P_{Gj} \qquad (1-22)$$

式(1-22)是 Gash 解析模型中的冠层截留部分，即 Gash 1979 年论文中的式(11)。

⑨ 树干截留散失量的计算与加入

设 q 次降雨使树干达到饱和，则 $m + n$ 次降雨树干未达到饱和。降雨量使树干达到饱和的 q 次树干截留散失量根据降雨量 P_G 乘以树干持水能力 S_t 计算；降雨量未使树干达到饱和的 $m + n - q$ 次树干截留散失量根据降雨量 P_G 乘以树干茎流系数 P_t 计算。因此有：使树干达到饱和的 q 次树干截留散失量——式(1-23)，未使树干达到饱和的 $m + n - q$ 次树干截留散失量——式(1-24)：

$$\sum_{j=1}^{q} I_{Tj} = qS_t \qquad (1-23)$$

$$\sum_{j=1}^{m+n-q} I_{Tj} = P_t \sum_{j=1}^{m+n-q} P_{Gj} \qquad (1-24)$$

式(1-24)中，I_{Tj} 为第 j 次降雨的树干截留散失量；q 为使树干达到饱和的降雨次数；$m + n - q$ 为未使树干冠层达到饱和的降雨次数；S_t 为树干持水能力；P_t 为树干茎流系数。这些变量在推导过程中通用。

合并式(1-23)、式(1-24)，得到 Gash 解析模型中的树干截留部分——式(1-25)：

$$\sum_{j=1}^{m+n} I_{Tj} = qS_t + P_t \sum_{j=1}^{m+n-q} P_{Gj} \qquad (1-25)$$

⑩ Gash 解析模型的最终组合

合并式(1-22)与式(1-25)，得到 Gash 解析模型的最终形式，如式(1-26)所示：

$$\sum_{j=1}^{m+n} I_j = (1 - p - P_t) \sum_{j=1}^{n} P_{Gj}' + \frac{\overline{E}}{\overline{R}} \sum_{j=1}^{n} (P_{Gj} - P_{Gj}')$$
$$+ (1 - p - P_t) \sum_{j=1}^{m} P_{Gj} + qS_t + P_t \sum_{j=1}^{m+n-q} P_{Gj} \qquad (1-26)$$

（3）修正 Gash 模型描述（何常清等，2010；Gash J H C 等，1995）

Gash 解析模型将林冠对降雨的截留分为 3 个阶段：①加湿期，该期林外降雨量（P_G）小于林冠达到饱和所必需的降雨量（P_G'）；②饱和期，当 $P_G > P_G'$ 后，林冠达到并维持饱和状态，平均降雨强度大于饱和林冠的平均蒸发速率；③干燥期，降雨停止后到林冠和树干干燥的阶段。在此基础上，修正 Gash 模型将林地划分为无植被覆盖区域和有植被覆盖两部分区域，假设无植被覆盖区域无蒸发（Limousin J M 等，2008）。该模型认为每次降雨事件前需有足够的时间使林冠干燥，为此，应保证每两场降雨之间有至少 8h 无降雨发生（Erbst M 等，2008；Limousin J M 等，2008）。模型的基本假设包括：林冠达到饱和以前没有水滴从林冠层滴落；树干茎流产生在林冠层达到饱和以后；树干蒸发发生在降雨结束以后；树干蒸发只发生在一维空间，没有水平交互作用与对流发生。修正 Gash 模型计算所需的参数包括气象参数和林分参数两类。修正 Gash 模型的基本形式如式（1-27）所示：

$$\sum_{j=1}^{n+m} I_j = c \sum_{j=1}^{m} P_{Gj} + \sum_{j=1}^{n} (cE_{ci}/R_j)(P_{Gj} - P_G') + c \sum_{j=1}^{n} P_G'$$
$$+ qcS_{tc} + cP_{tc} \sum_{j=1}^{n-q} [1 - (E_{cj}/R_j)](P_{Gj} - P_G') \qquad (1-27)$$

林冠达到饱和所必需的降雨量（P_G'）通过式（1-28）计算：

$$P_G^n = (R/(R - E_c)) S_c \ln(1 - (E_c/R)) \qquad (1-28)$$

树干达到饱和所必需的降雨量（P_G''）通过式（1-29）计算：

$$P_G^n = (R/(R - E_c))(S_{tc}/P_{tc}) + P_G' \qquad (1-29)$$

饱和林冠平均蒸发速率 E_c 根据 Penman - Monteith 公式（1-30）计算：

$$\lambda E_c = \frac{\Delta R_n + \rho c_p (e_s - e_a)/r_a}{\Delta + \gamma} \qquad (1-30)$$

修正 Gash 模型截留量的分解形式如表 1-2 所示。

表 1-2　修正 Gash 模型的分解形式（何常清等，2010）

Table 1-2　Analytical form revised Gash model

模型组成描述	模型组成的公式描述
林冠未达到饱和（$P_G < P_G'$）的 m 次降雨的截留量（mm）	$c \sum_{j=1}^{m} P_{Gj}$
林冠达到饱和（$P_G \geqslant P_G'$）的 n 次降雨的林冠加湿过程（mm）	$c \sum_{j=1}^{n} P_G' - nS_c$
降雨停止前饱和林冠的蒸发量（mm）	$\sum_{j=1}^{n} (cE_{ci}/R_j)(P_{Gj} - P_G')$
降雨停止后的林冠蒸发量（mm）	nS_c
$m + n - q$ 次树干茎流树干未达到饱和蒸发量（$P_G < P_G''$）（mm）	$cP_{ct} \sum_{j=1}^{n-q} (1 - (E_{cj}/R_j))(P_{Gj} - P_G')$
q 次树干茎流树干蒸发量（$P_G \geqslant P_G''$）（mm）	qcS_{tc}

根据修正 Gash 模型还可计算树干茎流量与穿透雨量，分别如式（1 – 31）、式（1 – 32）所示。

$$\sum_{j=1}^{q} SF_j = cP_{tc} \sum_{j=1}^{q} \left(1 - (\overline{E_{cj}} / \overline{R_j})\right)(P_G - P_G') - qcS_{tc} \qquad (1-31)$$

$$\sum_{j=1}^{n+m} TF_j = \sum_{j=1}^{n+m} P_G - \sum_{j=1}^{n+m} I_j - \sum_{j=1}^{q} SF_j \qquad (1-32)$$

各中间参数根据式（1 – 33）至式（1 – 37）计算：

$$\Delta = \frac{25030.584}{(273 + T_a)^2} \times \exp\left(\frac{17.27 T_a}{T_a + 237.3}\right) \qquad (1-33)$$

$$e_s = 6.11 \times 10^{\frac{7.45 T_a}{T_a + 237.3}} \qquad (1-34)$$

$$\gamma = \frac{c_p P}{\varepsilon \lambda} = 0.665 \times 10^{-3} P \qquad (1-35)$$

$$r_a = \frac{\{\ln[(z-d)/z_0]\}^2}{ku_2} \qquad (1-36)$$

$$u = u_2 \frac{\ln(67.82z - 5.42)}{4.87} \qquad (1-37)$$

冠层参数与气象参数，包括冠层持水能力 S、树干持水能力 S_t、树干茎流系数 P_t、林冠郁闭度 c、降雨强度、饱和林冠蒸散速率的确定参考前文中总结的方法。式（1 – 27）中，S_c、S_{tc}、P_{tc} 与 S、S_t、P_t 的关系分别如式（1 –38）、式（1 –39）及式（1 –40）所示：

$$S_c = S/c \qquad (1-38)$$

$$S_{tc} = S_t /c \qquad (1-39)$$

$$P_{tc} = P_t \qquad (1-40)$$

式（1 – 27）至式（1 – 40）中各变量的含义与单位见表 1-3。

表 1-3　修正 Gash 模型相关参数的含义与单位

Table 1-3　Means and units of parameters in revised Gash model

降雨参数			
I	林冠截留量（mm）	P_G	单次降雨事件的降雨量（mm）
P_G'	使林冠达到饱和的降雨量（mm）	P_G''	使树干达到饱和的降雨量（mm）
$\overline{E}$	平均林冠蒸发速率（mm/h）	$\overline{R}$	平均降雨强度（mm/h）
m	林冠未达到饱和的降雨次数	n	林冠达到饱和的降雨次数
q	树干达到持水能力产生干流的降雨次数		
林冠参数			
S	林冠枝叶部分的持水能力（mm）	S_t	树干持水能力（mm）
P_t	树干茎流系数	c	林冠郁闭度
温湿、压强参数			
T_a	气温（℃）	RH	空气相对湿度（%）
e_s	饱和水汽压（Pa）	e_a	实际水汽压/Pa，$e_a = RH \cdot e_s$
P	大气压（Pa）	ρ	空气密度，$\rho = 1.204$ kg/m³
ε	水汽分子量与干空气分子量之比（$\varepsilon = 0.622$）	γ	干湿表常数（Pa/℃）

（续）

Δ	饱和水汽压与温度曲线的斜率（Pa/℃）	c_p	空气定压比热，c_p 取 $0.0010048 \approx 0.001$ MJ/（kg·℃）
λ	水的蒸发（汽化）潜热，λ 取 2.50 MJ/kg		
辐射参数			
R_n	净辐射通量［MJ/（m²·s）］		
空气动力学参数			
r_a	空气动力学阻力（s/m）	h	树高（m）
z	风速观测高度（m），取 $h+2$（冠层上方 2m）	z_0	粗糙长度（m），取 0.1h
d	零平面位移高度（m），取 0.75h	u	z 高度的风速（m/s）
u_2	空地气象站 2m 高风速（m/s）	k	卡曼常数，$k = 0.41$

1.2.1.3 林地枯落物层、土壤层持水与水分入渗、地表径流

森林枯落物层是森林生态系统 3 个垂直结构上的主要功能层之一，它在截持降水、防止土壤溅蚀、阻延地表径流、抑制土壤水分蒸发、增强土壤抗冲性能等方面都具有非常重要的意义（吴钦孝等，1998；Leer 等，1980），是森林生态系统健康监测和评价所研究的重要内容（张振明等，2005）。

土壤层是森林水文作用的第 3 个活动层，大气降水可沿土壤毛管孔隙和非毛管孔隙下渗，一部分供植物蒸腾和地表蒸发，一部分则贮存起来或通过渗透汇入溪流，从而体现出森林水源涵养和保持水土的功能，因此被称为大气降水的"蓄存库"和"调节器"（田超等，2011）。

近年关于森林尤其是冀北山地林地枯落物层、土壤层持水与入渗方面的研究有杨新兵等对华北落叶松幼龄林枯落物和土壤水文效应影响的研究（杨新兵等，2010）；张振明等（2005）分析了八达岭林场 4 种林分枯落物层的蓄积量、持水能力、阻滞径流速度和减流减沙的效应；田超等（2011）对冀北山地阴坡 6 种不同天然林分（华北落叶松－白桦－黑桦混交林、白桦－华北落叶松混交林、白桦－黑桦－华北落叶松混交林、蒙古栎－黑桦混交林、山杨－黑桦－蒙古栎混交林、白桦－黑桦混交林）的枯落物层和土壤层持水量的研究；胡淑萍等（2008）对北京百花山森林枯落物层和土壤层水文效应的研究；徐学华等（2009）对冀北山地华北落叶松人工林水源涵养功能的研究；张伟等（2011）对冀北山地 6 种典型林分（山杨林、白桦林、蒙古栎林、油松蒙古栎混交林、华北落叶松林与油松林）枯落物及土壤的水源涵养功能的评价研究。

1.2.1.4 林内蒸散

森林蒸散是森林水量平衡与热量平衡中的一项重要分量（Amarakoon D 等，2000；王安志等，2001），其主要是树冠截留水分蒸发、林下土壤表面蒸发与植被蒸腾 3 个主要组成部分的总和（马雪华，1993）。蒸渗仪是测定森林蒸散的主要仪器，该装置是装有土壤与植被的容器。通过将蒸渗仪埋设在自然土壤中，对其中土壤水分进行调控，可以模拟实际蒸散过程，再通过称量蒸渗仪可以得到蒸散量（王安志等，2001）。在森林蒸散的研究中，已有研究使用大型蒸渗仪测量小型树木林地的蒸散量。但是由于这种方法必须将植被与其根系土壤置于容器内，当蒸散损失水量远小于树木与土壤的总量时，用蒸渗仪测量的误差会很大。而且随树形的增大，对设备的要求将会更高，限制了蒸渗仪在森林蒸散研究中的应

用。但是，对于森林冠层以下小型植被及其土壤的蒸散以及林下土壤蒸发的测定上，蒸渗仪仍是最佳的选择。在时间尺度上，灵敏的蒸渗仪可以用于 1h 以内的蒸散量的测定（王安志等，2001）。刘波等曾设计了新型蒸渗仪对陆面实际蒸散发过程进行观测，该蒸渗仪采用了先进的高分辨率称重系统，其陆面蒸散发观测精度为 0.01mm，配有高精度土壤水分水势传感器（pf：o-7，国际专利号：102004010518.9）与支持动态 IP 解析技术的 GPRS 数据采集器（24bit，512k）。

蒸渗仪或蒸发装置测定的蒸散量根据一般的水量平衡方程确定：

$$P = \Delta W + E + F \qquad (1-41)$$

式（1-41）中，ΔW 为蒸渗仪装土装置的重量的变化量，即土体含水量变化量——此处定义为后一次称的带土筒重 - 前一次称的带土筒重；P 为降雨量；E 为蒸散量；F 为下渗量，即渗漏量。

由上式得到计算蒸发量的式（1-42）：

$$E = P - \Delta W - F \qquad (1-42)$$

该式与文献（刘俊民，1999）中的公式（1-43）的意思一致：

$$E = 0.02(G_1 - G_2) - (R + F) + P \qquad (1-43)$$

式中，E 为土壤蒸发量，mm；R 为径流量，mm；F 为渗漏量，mm；P 为降水量，mm；G_1、G_2 为前、后两次筒内土样的质量，g；0.02 为 500cm^2 面积蒸发量的换算系数。

可以注意到式（1-42）中的 ΔW 前为"-"号，式（1-43）中表示土体含水量变化量的项"0.02（$G_1 - G_2$）"前为"+"号，这是由于对土体含水量变化量的规定方式相反：式（1-42）中为后一次称重 - 前一次称重，式（1-43）为前一次称重 - 后一次称重。

对于林内蒸散的计算将 P 换为穿透雨量。计算蒸散速率时再除以两次称重的时间间隔即可。

1.2.2　森林对气象环境的调节

森林对气象环境的调节主要包括对光照、温度、湿度、风速的调节，也会影响到某些环境质量因子，如负离子浓度。

光照强度是指单位面积上所接受可见光的量，简称照度，单位为勒克斯（lx）。光照强度对植物细胞的增长和分化、体积的增长和质量的增加有重要的影响。测定光照强度有各种型号的照度计与辐射仪（国庆喜等，2004）。胡理乐等曾将林窗内光照强度的测量方法总结为 3 类：①直接测量法，采用光量子探头等仪器直接测量光强，但测量林窗光强异质性时十分费时费力；②模型估测法，通过几何计算可快速估测林窗任意位置光强，但模型估测法将林窗简化为圆柱体或椭圆柱体，并忽略了许多林窗光强的影响因素，极大地影响了它的测量精度；③相片法，采用半球面影像等相片间接计算相片拍摄点的光强，但测量林窗光强异质性时需要在林窗内拍摄大量相片；相片法具有较高精度，可区分直射光和散射光。韩海荣等曾使用 ST2865 条形照度计（60cm 长，9 感光探头）与 ST280B 型照度计（1 探头）对北京妙峰山林场 3 个不同密度栓皮栎人工林光照强度进行过测定（韩海荣等，2000）。对于光照强度的测定，刘云等提出在每一样方内，因样方内（尤其是林内）受树影的遮挡，不同点的光照程度不同，所以分别用两个等级光照计测得林冠空隙内和林内的强光（以光照强度大于 500lx 来定义）与弱光（以光照强度小于 100 lx 来定义）两项指标（刘云等，2005）。

关于森林对林中温度状况的影响，其主要决定于林冠对温度所起的正负两种作用：一是林冠的存在减少了到达林内的太阳辐射与长波射出辐射，使林内白天和夏季温度比林外低，不致太热；夜间和冬季温度比林外高，不致太冷；二是林冠的存在减低了林内风速和乱流交换作用，使与林外热量交换减少。第一种作用使林内温度变化趋于缓和，具有良好效应，称为林冠对温度的正作用。第二种作用使林内温度趋于极端，产生不利影响，称为林冠对温度的负作用（贺庆棠等，2002）。

关于森林对林中空气湿度状况的影响，一般说来，由于林冠阻挡林内外空气交换，林内的水汽不易向外扩散，所以林内的相对湿度和绝对湿度均比林外高。但林分郁闭度愈大，林内温度低，蒸发力弱，使林内蒸湿效应减小（贺庆棠等，2002）。

森林可以产生空气负离子，森林的树冠、枝叶的尖端放电以及光合作用过程的光电效应均会促使空气电解，产生大量的空气负离子（曾曙才等，2006）。1889年，德国科学家Elster与Geital首先发现了空气负离子的存在。1902年，Aschkinass等肯定了空气负离子的生物学意义，1931年一位德国医生发现了空气负离子对人体的生理影响（邵海荣等，2005）。根据已有研究结果，空气负离子浓度有昼夜变化与季节变化的特征（曾曙才等，2006）。影响空气负离子浓度的因子包括林分因子、气象因子、水体、人为活动及环境污染、土壤、母岩、海拔高度及建筑材料等。关于林分因子的相关研究，如吴楚材等发现针叶林负离子浓度高于阔叶林（吴楚材等，2001），邵海荣对北京地区森林的研究表明针叶林中的年平均空气负离子浓度高于阔叶林，但春夏季阔叶林的空气负离子浓度高于针叶林，在秋冬季则针叶林空气负离子浓度高于阔叶林（邵海荣等，2005）。王洪俊发现相似层次结构的针叶树人工林和阔叶树人工林的平均空气负离子浓度的差异不显著，只是负离子浓度高峰出现的时间不同（王洪俊等，2004），这样关于针叶树与阔叶树对空气负离子的影响，目前还没有一致的结论（曾曙才等，2006）。关于气象因子的相关研究，如阴天的空气负离子含量明显低于晴天的（邵海荣等，2000）等。关于负离子的测定，研究者一般在相关测点选取代表性地段进行测量，在每个测点取2~4个方向，在每个方向读取3~5个峰值，分析时取平均值（吴楚材等，2001；邵海荣等，2005；张翔等，2004）。

1.2.3　森林植物生长、保育

1.2.3.1　林木生长

生物量是一个有机体或群落在一定时间内积累的有机质的总量，森林生物量通常以单位面积或单位时间积累的干物质量或能量来表示。生物生产力是反映森林生态系统结构与功能情况的重要指标，第一性生产力（初级生产力）是指光合作用产生的有机质总量，第二性生产力（次级生产力）是指初级生产力以外的其他有机体的生产。净第一性与第二性生产力可直接用称量有机体重量——即通常所谓的生物量的方法测定。森林生物量与生产力是反映森林生态环境的重要指标（冯仲科，2005）。单木生物量计算的一般模型如式（1－44）所示：

$$W = a(D^2 H)^b \qquad (1-44)$$

式（1－44）中，D 为胸径；H 为树高；a、b 为系数。

关于林木生长速率，施耐德（Schneider，1853）发表的材积生长率公式见式（1－45）：

$$P_V = \frac{K}{nd} \qquad (1-45)$$

式（1-45）中，n 为胸高处外侧 1cm 半径上的年轮数；d 为现在的去皮胸径；K 为生长系数，生长缓慢时为 400，中庸时为 600，旺盛时为 800。

施耐德公式外业操作简单，测定精度又与其他方法大致相近，直到今天仍是确定立木生长量的最常用方法。

1.2.3.2 林木（乔木）幼苗更新

国内外关于森林更新的研究，主要关注于实生苗定居，以及种子生产、种子生活力、种子萌发与定居所需要的环境条件等（李荣等，2011；魏瑞等，2009；De Steven D 等，2002）。采伐后林地光照增加，土壤水分与养分都发生了相应变化，显著影响伐后林地植物生长（Jeffery P D 等，2008），伐后可能造成非目的先锋树种与杂草入侵，影响林地的植物组成。

1.2.3.3 林地生物多样性

关于生物多样性与生态系统功能的关系，达尔文早在 100 多年前《物种起源》中就有论述（Kareiva P 等，1996；张全国等，2002；王震洪等，2006）。据王震洪等（2006）总结，自 20 世纪 50 年代以来，尤其是 90 年代，各国学者通过理论推导、定位观测、物种组装实验，先后对生物多样性与生态系统生产力、持续性、稳定性及其他生态系统功能进行了广泛研究，如马克平等（2004）、Tilman 等（2000）。

生物多样性的度量指标较多，常用的生物多样性指数如辛普森生物多样性指数、香农-维纳指数等，相关公式见生态学书籍。

1.2.4 森林土壤结构与养分

在森林对土壤结构与养分（理化性质）的相互影响方面，我国近 10 年来关于人工林地力变化的研究结果与国外"下降论"的研究结论基本一致（陈洪明等，2004；杨承栋等，1999；盛炜彤等，1992；张鼎华等，2001）。涉及树种主要有杉木、马尾松、桉树、杨树与落叶松。关于北方落叶松连栽引起土壤质量与林分生长变化的研究结果表明：与一代林相比，落叶松人工林高、径生长明显降低。林地的土壤有机质、全氮、全磷含量降低（席苏桦等，1999；陈乃全等，1990；陆秀君等，1999），长期经营落叶松容易造成土壤理化性质恶化，肥力相对降低（潘建平等，1997；闫德仁等，1996；高雅贤等，1983；刘世荣等，1993；张彦东等，2001；王秀石等，1982；崔国发等，2002）。王树力等的研究表明，长白落叶松纯林改造成针阔叶混交林初期，土壤密度随土层深度增加而显著增加，土壤孔隙度则随土层深度增加而显著降低，林带间差异不显著；各林带有机质含量、养分元素全量及速效养分含量均随土层加深而显著减少，但全 K 含量变化不明显，阔叶林带及针阔林带土壤养分含量多高于落叶松林带（王树力等，2009）。相关研究比较了生态抚育措施对华北落叶松幼龄林森林枯落物和土壤水文效应的影响。抚育措施包括人工割灌、定株和修枝等，抚育后华北落叶松所占的比例增大。研究表明，抚育后华北落叶松幼龄林林地枯落物总储量减少 41%，枯落物自然持水量、最大持水量、有效持水量和实际拦蓄量也明显减小。抚育改变了表土层结构，降低了土壤容重，提高了林地表层毛管孔隙度和总孔隙度，改善了土壤的通气性能，提高了土壤的持水量，使抚育后的林地土壤稳渗速率增加，林地的土壤水分渗透能力增强。

1.3 森林功能与结构的耦合

关于森林结构与功能的耦合关系，王威等（2011）以北京山区水源林的树种组成、林分年龄、林分郁闭度、林分起源、林分层次、林分土壤厚度与林分生物量 7 个因子为森林结构，研究了其与涵养水源、保持水土、改善水质功能的耦合关系，构建了水源林结构与功能耦合关系模型。据钟剑飞等（2009）总结：根据系统论中结构决定功能的观点，只有保持优良的系统结构，系统的功能才能得到较好发挥（杨春时等，1987）；研究表明，健康稳定的森林群落可以充分发挥其生态功能、社会功能和经济功能（李金良等，2004），而增加林分结构的多样性会提高林分的物种多样性与生态稳定性（Pretzsch H 等，1999；Gardiner J J等，1999）。

第 2 章

研究区概况

2.1 木兰围场概况

2.1.1 木兰围场自然概况

2.1.1.1 地理位置

研究区位于滦河上游的河北省围场满族蒙古族自治县境内。地理位置坐标为北纬 41°47′~42°06′，东经 116°51′~117°45′，位于阴山山脉、大兴安岭山脉余脉向西南延伸和燕山山脉的结合部。木兰围场南临京津地区，北接内蒙古浑善达克沙地，不仅是下游"潘家口水库"的水源涵养地和滦河主要发源地，同时也是北京地区的上风区和影响北京生态环境质量的重要的风沙通道，因此，林管局境内森林恢复与保护，对京津地区的生态环境安全具有重大意义。

2.1.1.2 地形地貌

木兰围场恰好位于阴山山脉、大兴安岭山脉的尾部向西南延伸和燕山山脉余脉的结合部，地质发展历史和地貌发育形成比较复杂。木兰围场地质构造属于河北省地质构造四个区中的内蒙古台背斜区，区内山峦起伏、沟壑纵横，海拔高度约为 750~1829m，自然坡度为 1/150~1/350。木兰围场大体可分侵蚀构造地形、构造剥蚀地形、剥蚀堆积地形和河谷阶地形四大地貌区。

2.1.1.3 气候

木兰围场属于中温带向寒温带过渡、半干旱向半湿润过渡、大陆性季风型高原山地气候。具有水热同季、冬长夏短、四季分明、昼夜温差大的特征。

木兰围场年平均气温 −1.4~4.7℃，极端最高气温 38.9℃，极端最

低气温 –42.9℃，≥0℃的年积温 2180℃，≥10℃年积温 1610℃，≥15℃年积温 859℃；无霜期 67～128 天。年均降水量 380～560mm，主要集中在 6、7、8 月三个月，占全年降水量的 69%，其中 7 月降水量占全年降水量的 31%，9～11 月占全年降水量的 17%，12 月至翌年 2 月仅占全年降水量的 1%，3～5 月降水占全年降水量的 13%，各月降水量分配特征是两头小、中间大。

本地日照充足，总的趋势是北部少于南部。坝上高原区为 2577～2832h，日照百分率为 58%～64%；南部为 2832h，日照百分率为 64%。太阳辐射总量为 127.4～133.9 kcal/cm²。其季节分配以春、夏季居多，各占年太阳辐射的 32%；秋季次之，占 21%，冬季最少，占 15%。5～9 月植物生长发育时期的太阳辐射量为 71.7 kcal/cm²，占年辐射量的 54%。

年均蒸发量 1462.9～1556.8mm，平均相对湿度 63%。年晴天稳定系数 65%，≥6 级大风日数 27 天。木兰围场灾害天气主要有干旱、暴雨、霜冻、冰雹、风、沙暴、低温等。

2.1.1.4　水文

木兰围场多年平均降水量为 454.7mm，年降水总量为 41.98 × 10⁸ m³，其中伊逊河流域多年年平均降水量为 480mm，年降水总量为 11.93 × 10⁸ m³；伊玛图河流域多年年平均降水量为 457mm，年降水总量为 6.53 × 10⁸ m³；小滦河流域多年年平均降水量为 426mm，年降水总量为 9.99 × 10⁸ m³。

小滦河为境内常年河。系滦河主要支流，发源于塞罕坝机械林场，向南流经御道口牧场和御道口、老窝铺、西龙头乡，由南山嘴乡官地村出境向南流经隆化县半壁山村。上游支流有双岔河、如意河、头道河子。

伊玛图河系滦河主要支流，此河为西北东南走向。有三条支流，即燕格柏川、城子川和孟奎川，流经半截塔、下伙房注入隆化县。

伊逊河系滦河主要支流，哈里哈乡的翠花宫为其主要发源地，流经棋盘山、龙头山、围场镇、四合永，由四道沟乡横河流入隆化县，沿河有庙宫水库和四个小水库。

2.1.1.5　土壤

林管局林区内土壤包括棕壤、褐土、风砂土、草甸土、沼泽土、灰色森林土、黑土等 7 个土类，共 15 个亚类 66 个土属 143 个土种。母质为残坡积母质、坡积母质、黄土母质、冲洪积母质、洪积母质、冲击母质和风积母质。

①棕壤。包括四个亚类，即棕壤、生草棕壤、棕壤土和草甸棕壤。主要分布在海拔 900m 以上，半湿润具有温凉气候的地方。

②褐土。包括五个亚类，即淋溶褐土、典型褐土、碳酸盐褐土、草甸褐土和褐土性土。主要分布在海拔 800～900m 之间，半干旱、温暖的低山及黄土台地、平川地区。

③风砂土。主要分布在南北川河东岸的迎风坡上。这种土风蚀重、通体沙、发育层次不明显。

④草甸土。由于地下水受季节性浸润影响，分布在泡子周围及河岸二洼地上。这种土底土锈纹锈斑较多，土壤较肥沃，有机质含量平均为 2.32%。

⑤沼泽土。分布在涝洼地上，由于三价氧化铁还原为二价氧化铁，土粒被染成蓝色，形成蓝色潜育层。

⑥灰色森林土。包括两个亚类，即灰色森林土亚类和暗灰色森林土亚类。主要分布在木兰围场北部。

⑦黑土。分布在木兰围场北部,其特点是具有有机质层,暗色过渡层(铁膜脱色、腐殖质染色),脱钙微酸性,底层有白色硅粉末。

2.1.1.6 植被

区内地貌类型多样,气候多变,降水丰沛,土壤肥力高,形成了十分丰富的植物资源,在华北北部地区具有典型性和代表性。植物类群包括有菌类、苔藓、蕨类及种子植物等。

①菌类植物。菌类植物在保护区内分布广泛,蕴藏量高。据调查统计有大型真菌24科60种。其中食用真菌35种,药用真菌24种,有毒真菌6种。

②苔藓植物。保护区共分布有苔藓植物34科83属201种(含种下分类单位)。其中,苔类含7科8属11种;藓类含27科75属175种1亚种12变种和2变型。

③蕨类植物。蕨类植物是林区内林下和阴湿环境中的重要类群,但其种类组成不甚复杂。据调查保护区有蕨类植物12科14属22种(其中含1变种1变型),占河北省蕨类植物总科数的60%、总属数的38.89%、总种数的22.49%。

④种子植物。境内分布有野生种子植物90科371属793种(含种下分类单位)。其中裸子植物3科7属11种;被子植物87科364属782种(双子叶植物76科293属653种,单子叶植物11科71属129种)。根据吴征镒教授(1991)对中国种子植物属的分布区类型划分观点,将木兰围场种子植物所含的371属划分为15个分布区类型。

保护区内植物资源丰富。根据用途,资源植物大致可以分为原料性资源植物和非原料性植物两大类。据调查,保护区有原料性资源植物713种(按用途累计),分为13大类,其中有野生纤维植物58种,野生淀粉及糖类植物53种,野生油脂植物62种,野果植物38种,野菜植物70种,野生保健饮料食品植物18种,野生药用植物100种,野生农药植物75种,野生芳香油植物50种,野生鞣料植物63种,野生树脂、树胶植物6种,野生蜜源植物41种,野生饲料植物79种。此外,保护区还有大量的非原料性资源植物,包括野生花卉植物、改良土壤植物和种质资源植物。

在河北省植被区划中,木兰围场属于温带草原地带高原东部森林草原区与暖温带落叶阔叶林地带燕山山地落叶阔叶林温性针叶林区的交接带,该区的典型性植被为草甸草原、针阔混交林及落叶阔叶林。按《中国植被》的植被分类系统,植被分为4个植被类型和26个群系(详见表2-1)。

表 2-1 木兰围场植物群落分类系统

Tab. 2-1 Plant classification system of Mulan Forest Administration Bureau

植被型 vegetation type	群系 formation
针叶林 coniferous forest	华北落叶松林 *Larix principis – rupprechtii* forest
	油松林 *Pinus tabulaeformis* forest
	樟子松林 *Pinus sylvestris* forest(人工)
	杜松林 *Juniperus rigida* forest
	红松林 *Pinus koraiensis* forest(人工)
落叶阔叶林 deciduous broad – leaved forest	蒙古栎林 *Quercus mongolica* forest
	白桦林 *Betula platyphylla* forest
	硕桦林 *Betula costata* forest
	棘皮桦林 *Betula dahurica* forest

（续）

植被型 vegetation type	群系 formation
落叶阔叶林 deciduous broad – leaved forest	山杨林 *Populus davidiana* forest 榆树林 *Ulmus* ssp. forest 核桃楸林 *Juglans mandshurica* forest 柳树林 *Salix* ssp. forest 杂木林 deeiduous broad – leaves mixed forest
落叶阔叶灌丛 deciduous broad – leaved shrubland	山杏灌丛 *Prunus sibiriea* shrubland 绣线菊灌丛 *Spiraea teilabata* shrubland 照山白灌丛 *Rhododendron mieranthum* shrubland 平榛灌丛 *Corylus mandshurica* shrubland 沙棘灌丛 *Hippophae rhamnoides* shrubland 柳灌丛 *Salix* ssp. shrubland 杂灌丛 mixed shrubland
亚高山草甸 meadow	杂类草草甸 forb meadow 珠珠芽蓼 + 细叶苔草草甸 *Polygonum viviparum* + *Carex rigescens* meadow 地榆 + 细叶苔草草甸 *Sanguisorba offieinalis* + *Carex rigescens* meadow 披碱草草甸 *Elymus dahuricus* meadow

2.1.2 木兰围场森林资源概况

2.1.2.1 森林资源现状

据河北省地方森林资源监测结果，林管局总经营面积 102666.7hm²，用地 93224.9hm²，占总经营面积的 90.0%，其中：有林地面积 73394.4hm²、疏林地 2315.5hm²、灌木林面积 3116.1hm²、未成林造林地面积 2434.9hm²、苗圃地面积 63.9hm²、宜林地面积 11900.1hm²，森林覆盖率 75%。

木兰围场林分面积 73394.4hm²，其中：人工林 36634.0hm²、天然林 30788.7hm²、混交林 5971.7hm²，分别占林分面积的 49.9%、41.9% 和 8.2%，中幼林占有较大比例，面积 50863.8 hm²，占 69.3%，森林覆盖率 75.6%。

木兰围场森林活立木总蓄积 402.1 万 m³，其中林分蓄积 397.8 万 m³、疏林地蓄积为 3.3 万 m³。在森林蓄积中，天然林蓄积 179.4 万 m³，人工林蓄积 193.6 万 m³，混交林蓄积 24.8 万 m³，分别占林分蓄积的 45.1%、48.7% 和 6.2%。

木兰围场核定的年森林采伐限额为 9.97 万 m³，主要用于中幼林抚育和林分改造，实际年采伐量为 6 万~7 万 m³，占年采伐限额的 60%~70%，基本不存在超限额状况。

森林资源主要特征如下：

①林分中天然林和以天然林为主的混交林的比例较大，占 82.5%。

②山地林分面积中分布有 40% 的"沙地森林"，这些虽不属沙生的树种但却能与沙地共生、树体高大、树型美观、群落表现良好，主要树种包括云杉、油松、落叶松，还有少量山杨和桦树等；河谷中的"沙地森林"，主要树种是白榆，也称沙地白榆，树木数量占 80% 以上，树的树体高大、抗逆性强，群落表现良好，特点突出，树龄多达百年以上。滦河上游地区的沙地森林是沙地上的森林主体，这些沙地森林分布在小滦河、伊玛图河、伊逊河等河流的两岸及东面迎风沙沙坡上。这种沙地森林在保护区周边地区分布也很广泛。沙地森林群落与其他植物群落共同构成了各自不同的群落优势，对于维护区域生态平衡作

用重大。

③林分中幼龄林面积占31.3%，森林抚育任务繁重。

④部分稀疏的植被土地状况为阳坡、沙丘、沙地，植被恢复任务重、难度大。

2.1.2.2 存在的问题

尽管新中国成立后森林资源总量有所扩大，木兰围场到2005年，森林覆盖率达到75%，但是，木兰围场所在地围场县，森林覆盖率仅有32.5%，境内三大沙梁为主导的地区低山丘陵沙化依然十分严重。

山地丘陵区由于植被退化严重，许多地段森林植被难以恢复，并且现有森林结构差、森林经营相对滞后。

与此同时，荒山荒地的大量存在与该地区降水集中、暴雨频发相结合，进一步加剧了水土流失现象的发生，该地区水土流失和土地沙化趋势依然未能从根本上得到遏制。

2.2 北沟林场森林资源概况

北沟林场是木兰林管局十个直属林场之一，建于1956年，森林分布在围场县半截塔镇和下伙房乡境内。林场地处七老图岭山西侧，地势东北高，西南低；海拔800～1600m之间，色树梁东光顶是全场最高峰，海拔1600m；滦河支流——伊玛图河由北向南从林区穿过，流入隆化境内。

林场总经营面积8.6万亩(1亩＝1/15hm²，下同)，有林地面积7.5万亩，活立木蓄积28.4万m³，森林覆盖率88%。森林以天然次生林和人工林为主，主要树种有白桦、油松、华北落叶松、山杨、蒙古栎、五角枫、云杉、日本落叶松等。林区内生物资源十分丰富，有高等维管植物600多种，野生脊椎动物20余种，鸟类80余种。历史人文和自然景点主要有永安湃围场殪虎碑、元代白塔、西色树沟"转心壶"华北落叶松天然次生林。

研究区地理位置见图2-1示意。

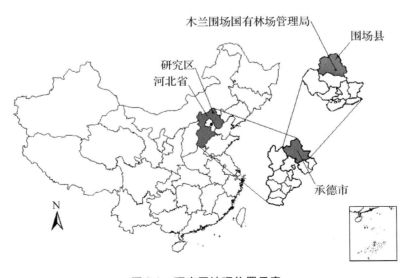

图2-1 研究区地理位置示意

第 3 章

研究内容与方法

3.1 技术路线

研究技术路线如图 3-1 所示。

3.2 调查、试验布设及数据采集

3.2.1 林分结构变量获取与植物环境指标观测

3.2.1.1 样地调查与林分结构指标变量获取

在研究区主要布设 11 个标准固定样地（表 3－1），含油松人工林 6 块、华北落叶松人工林 4 块、天然次生林大样地 1 块。于 2010 年 7～10 月进行固定样地调查，获取林分结构指标。在研究区布设的标准固定样地的位置如图 3－2 所示，1、2、4、18 号落叶松人工林样地、3 号油松人工林样地与天然次生林样地 S 分布在研究区北侧的西色树沟；9、10、12、13、15 号油松人工林样地分布在研究区南侧的管护站附近。经调查，各样地基本林分及特征指标如表 3-1。用 Winkelmass 软件根据各样地每木检尺数据得到各样地各树种的角尺度、大小比数、混交度。

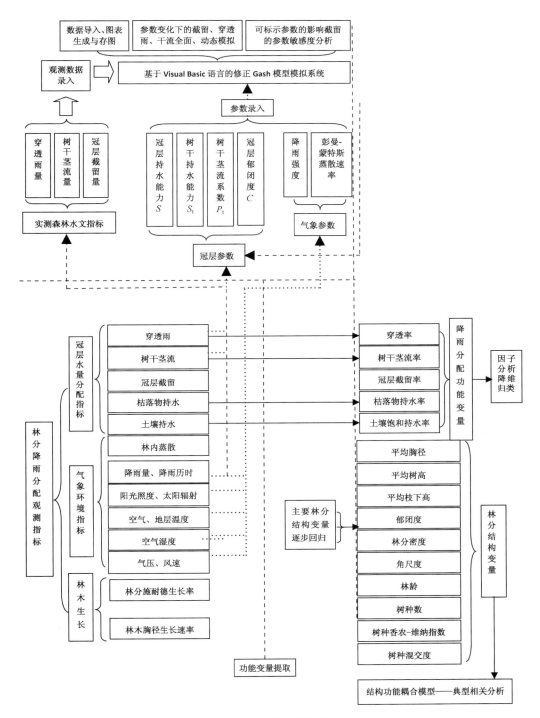

图 3-1　研究技术路线

Fig. 3-1　Technical route for study

表 3-1　研究区主要研究样地林分基本情况

Table 3-1　Basic forest conditions of main sample plots in study area

样地编号	样地林分类型	平均树龄(年)	面积(m×m)	经度(°-′)	纬度(°-′)	海拔(m)
1	落叶松人工林	44	30×30	41 - 50.920	117 - 35.961	1358
2	落叶松人工林	47	30×30	41 - 50.783	117 - 35.469	1315
3	油松人工林	33	30×20	41 - 50.903	117 - 35.457	1288
4	落叶松人工林	30	30×20	41 - 50.876	117 - 35.466	1286
9	油松人工林	38	40×100	41 - 49.570	117 - 35.576	1220
10	油松人工林	43	20×20	41 - 49.541	117 - 35.505	1225
12	油松人工林	41	40×50	41 - 49.538	117 - 35.544	1244
13	油松人工林	42	50×50	41 - 49.411	117 - 35.640	1268
15	油松人工林	43	50×50	41 - 49.309	117 - 35.720	1271
18	落叶松人工林	41	20×30	41 - 50.702	117 - 35.469	1305
S	天然次生林	46	100×100	41 - 50.845	117 - 35.906	1338

注：由于用生长锥取的阔叶树种白桦与山杨树条上的年轮条纹色泽较淡，很难分辨，天然次生林的林龄根据次生林中从天然落叶松标准木上取的树条的平均树龄统计，没有绝对意义。

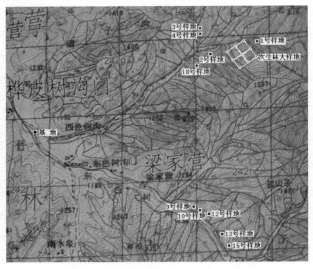

图 3-2　研究区样地布设

Fig. 3-2　Layout of the sample plots in study area

3.2.1.2　植物环境指标获取

通过样地调查，包括基础概况调查、乔木每木检尺、常规灌草生态指标调查、植被更新调查等，获取常规灌草生态指标、植被更新指标。

3.2.1.3　林木生长量测定

生长锥(increment borer)是测定树木年龄和直径生长量的专用工具。使用生长锥时，先将锥筒装置于锥柄上的方孔内，用右手握柄的中间，左手扶住锥筒以防摇晃。垂直于树干将锥筒先端压入树皮，而后用力按顺时针方向旋转，待钻过髓心为止。将探取杆插入筒中稍许逆转再取出木条，木条上的年龄数即为钻点以上树木的年龄。加上由根颈长至钻点高度所需的年数，即为树木的年龄。

本研究中根据乌里希(Urich V)1881年提出的等株径级标准木法(孟宪宇等，1995)，将各样地每木检尺结果依径阶顺序，将林木分为株数基本相等的3个径级，在各径级选径级标准木2株，在次生林样地中选择3种优势树种(落叶松、白桦、山杨)按等株径级取径级标准木，用生长锥在胸高处钻入后再取出，求算林木施耐德生长率。

另外，仍在各样地株数基本相等的3个径级的各径级选径级标准木，用铁皮条、弹簧(实际用电阻丝)与铁钉等材料制成简易树木生长量测定装置，将铁皮条围在树木胸径处但留出约10cm的"缺口"用较紧的电阻丝钩挂连接，在铁皮条下部均匀取3个方向将铁钉钉入树体但钉头露出树皮表面约5mm，使铁皮条紧贴3个铁钉以保证铁皮条位置的固定，尽量排除由于时间长铁皮条错动造成对测定结果的影响。定期用游标卡尺精确测量"缺口"的长度(将10cm左右的"缺口"长度近似视为圆弧)，可以得到树木胸径周长生长的变化情况，于是可以得到树木胸径生长的变化情况，并得到树木胸径生长率：

$$G = (D_2 - D_1)/(\pi t) \tag{3-1}$$

式(3-1)中，G为树木胸径生长率；D_1与D_2分别为某次与下一次测定的"缺口"的长度；π为圆周率；t为某次与下一次测定的时间间隔。

该种简易树木生长量测定装置如图3-3所示。

a. 装置设置与测定   b. 用铁钉固定装置

图3-3 个别简易树木胸径生长测定装置照片

Fig. 3-3 Photographs of some simple DBH growth measuring devices for trees

3.2.2 降雨分配指标测定与相关设施布设与仪器应用

3.2.2.1 穿透雨、树干茎流观测装置在3种典型林分各样地的全面布设

为整体观测研究区3种典型林分——油松人工林、落叶松人工林与天然次生林的穿透雨、树干茎流，整体把握研究区3种典型林分的穿透雨、树干茎流特征，研究穿透率与树干茎流率与林分结构的关系，将穿透雨与树干茎流的观测装置(图3-4)有选择性地布设到各林分的样地中。

关于集雨装置的布设，大多数穿透雨的研究采用随机布点的方式收集穿透雨(鲍文等，2006；巩合德等，2004；Carlyle-Moses D E 等；Zimmermann B 等，2010；郭明春等，2005；Bruijnzeel L A 等，1987；Lloyd C R 等，1988；Keim R F 等，2005；Holwerda F 等，2006；Zimmermann A S 等，2008)。为估测林分尺度森林生态系统的穿透雨，对于穿透雨

图 3-4　实验中使用的穿透雨、树干茎流测定装置与
叶面积指数仪、自计气象站
Fig. 3-4　Devices for measuring throughfall & stemflow, digital
plant canopy imager and automatic weather station
1、2—穿透雨测定装置；3、4—穿透雨测定装置；5—CI - 110 型叶面积指数仪；
6—HOBOU30 型自计气象站

的测量已有研究者在实施中使用大量（≥40）的集雨装置（Johnson R C，1990；Chappell N A，2001；Pypker T G，2005），或在长期观测过程中移动观测装置（Kumagai S 等，1953；Asdak C 等 1998；Manfroi O J 等，2006），但这些观测方式较费工（Sato Y 等，2002），因此，一些研究使用较少数量（＜10）或中等数量（15 ~ 30）的观测装置进行林分尺度穿透雨的估计（Gash J H C 等，1978；Gash J H C 等，1980；Edwards P J 等，1982；Llorens P 等，1997）。而 Abe 与 Yoshinori 等的研究表明，样本量为 8 可以对林分尺度上穿透雨的研究给出满意的估计（Yoshinori Shinohara 等，2010；Abe T 等，1984）。目前在穿透雨的研究中关于使用漏斗或水槽或更大的收集装置的长期争论一直没有结果，集水槽可以减少样本数并整合异常值，但其相对优势取决于空间相关结构与降水季节特征（Zimmermann B 等，2010）。Crockford 和 Richardson（1990）通过实验发现使用小型号装置测得的穿透雨的变异性远远大于用水槽测定的，这样在同精度下，对于小型穿透雨装置需要布设远多的样点，他们因此认为集水槽可以对穿透雨量给出最佳估计。

本实验中，用铁皮材料制成收集面积为 0.156m²（0.2m × 0.78m，相当于 5 个雨量筒的面积）的集水槽，集水槽较低的一端底部开口，用塑料管连接 1 个体积为 10L 的塑料桶，计算雨量时根据收集面积将塑料桶内的次降雨量换算为 mm 单位。基于系统调查 3 种林分类型的穿透雨空间分布或与林分结构特征的关系与充分利用集水槽考虑，在各样地内有差异性地选择上方林冠结构不同、有代表性的样点。具体选择过程中，以郁闭度为主要选择依据，对于郁闭度相对较大的样地（样地内树冠间缝隙的宽度普遍小于或相当于集水槽的长度），在浓密冠层下（或平均木单木冠幅范围内，树冠水平投影全部遮盖集水槽）、稀疏冠层下（或平均木单木下，树冠全部遮盖集水槽）或林隙下安置集水槽；而对于郁闭度相对较小的样地（样地内树冠间空隙的宽度普遍明显远大于集水槽的长度），在树冠完整（指在树冠的生长方向内完整，人工林中少有单木在各方向冠幅均完整）的径级标准木单木下，于林窗中心安置集水槽——单木下的集水槽布设时长边沿以树干为中心的半径方向，并且选择集水槽的长度小于树冠半径的单木（即单木全部被树冠覆盖），以保证单木下穿透雨测定的均匀性。根据所调查的 11 个样地的大小情况，在各样地内安置 2～5 个集水槽不等。集水槽布设时距离地面的高度不低于 30cm，并与地面保持约 1°的倾角（巩合德等，2004）。同步对以集水槽为中心的 10×10m 小样地进行常规检尺调查。同时在各样地间的林外距各样地约 50～100m 处的空旷地上分散安置 5 个集水槽作为对照。各槽安置处所在小样地情况描述见表 3-2。

表 3-2　各集雨槽所在小样地林分结构特征描述

Table 3-2　Character of forest stand structure of the small sample plots where troughs for throughfall collection were set

小样地序号	各集水槽标号	平均树高（m）	平均胸径（cm）	所在样地（树种）类型	集水槽所在样地树冠间空隙宽度与槽长度对比关系	集水槽上方冠层特点
1	3#	13.3	11.9	油松人工林	冠间空隙宽度＜集水槽长度	浓密，有间隙
2	9#1	16.0	12.4	油松人工林	冠间空隙＜集水槽长度	浓密，有间隙
3	9#2	15.7	12.9	油松人工林	冠间空隙＜集水槽长度	较稀，冠层间隙
4	9#3	15.6	13.7	油松人工林	冠间空隙＜集水槽长度	浓密
5	9#4	15.9	12.6	油松人工林	冠间空隙＜集水槽长度	浓密
6	9#5	16.9	13.4	油松人工林	冠间空隙＜集水槽长度	较稀，冠层间隙
7	10#3 林窗	18.0	13.1	油松人工林	冠间空隙≫集水槽长度	林窗，无林冠
8	10#4 林窗	17.9	13.1	油松人工林	冠间空隙≫集水槽长度	林窗，无林冠
9	12#	16.7	12.4	油松人工林	冠间空隙＜集水槽长度	较稀，冠层间隙
10	13#	16.5	12.5	油松人工林	冠间空隙≈集水槽长度	较稀，冠层间隙
11	15#	21.3	11.9	油松人工林	冠间空隙≈集水槽长度	浓密，有间隙
12	10#1 单木 1	15.9	13.5	油松人工林	冠间空隙≫集水槽长度	冠层完整
13	10#2 单木 2	19.4	13.5	油松人工林	冠间空隙≫集水槽长度	冠层完整
14	12#单木	20.0	11.0	油松人工林	冠间空隙＜集水槽长度	冠层完整
15	13#单木	19.4	13.0	油松人工林	冠间空隙≈集水槽长度	冠层完整
16	1#北	17.2	20.8	落叶松人工林	冠间空隙宽度＜集水槽长度	较浓密
17	1#南	16.7	19.8	落叶松人工林	冠间空隙宽度＜集水槽长度	较浓密，有间隙
18	2#北	20.9	19.5	落叶松人工林	冠间空隙≈集水槽长度	较稀，冠层间隙
19	2#南	18.2	18.7	落叶松人工林	冠间空隙≈集水槽长度	较稀，冠层间隙
20	4#	11.1	11.9	落叶松人工林	冠间空隙宽度＜集水槽长度	较稀，有间隙
21	18#单木 1	21.8	18	落叶松人工林	冠间空隙≫集水槽长度	冠层完整
22	18#单木 2	18.5	13.5	落叶松人工林	冠间空隙≫集水槽长度	冠层完整
23	18#林窗	19.8	15.5	落叶松人工林	冠间空隙≫集水槽长度	林窗，无林冠
24	天然落叶松#单木 1	29.6	16.2	天然次生林	单木树冠下	标准木
25	天然落叶松#单木 2	29.60	16.20	天然次生林	单木树冠下	标准木

（续）

小样地序号	各集水槽标号	平均树高(m)	平均胸径(cm)	所在样地(树种)类型	集水槽所在样地树冠间空隙宽度与槽长度对比关系	集水槽上方冠层特点
26	天然白桦#单木1	31.80	17.35	天然次生林	单木树冠下	标准木
27	天然白桦#单木2	14.07	15.07	天然次生林	单木树冠下	标准木
28	天然山杨#单木1	22.20	15.60	天然次生林	单木树冠下	标准木
29	天然山杨#单木2	19.40	14.50	天然次生林	单木树冠下	标准木
30	天然山杨#单木3	19.00	15.50	天然次生林	单木树冠下	标准木

注：编号"#"前方数字代表样地号，"#"后方字符代表样地内集水槽序号（单木下与林窗下特别标出）。

根据乌里希(V. Urich)1881年提出的等株径级标准木法(孟宪宇等，1995)，将各样地每木检尺结果依径阶顺序，将林木分为株数基本相等的3个径级，在各径级选标准木，次生林选择3种优势树种(落叶松、白桦、山杨)按等株径级取标准木。对各株标准木进行树干茎流的观测。将直径为2.5cm的聚乙烯塑料管沿中缝剪开一段，用细铁钉将塑料管开口处钉在树干上，再将剪开的塑料管螺旋上升缠绕树干1.5圈，用铁钉固定后再用玻璃胶将接缝处封严制成引流管，并根据树冠大小情况，在塑料管的下端接1个10L或25L的塑料桶，用于收集树干茎流。根据各所选树木的投影面积计算树干茎流(岳永杰等，2008；王馨等，2006；Jackson I J等，1975)。对各样地的各径级标准木的树高、枝下高、胸径、冠幅进行仔细的测定。

3.2.2.2 降雨分配相关仪器布设与使用

在研究区所在林场作业区安置HOBOU30型自计气象站(美国Onset公司生产)，每10min测定并记录1次林区旷野2m高度气温、空气相对湿度与风速，林区上方太阳辐射与降雨量。

使用美国生产的CI-110型叶面积指数仪(CI-110 Digital Plant Canopy Imager)，在各集水槽的中心正上方拍摄鱼眼照片，在人工林各样地内视样地大小均匀选择4~9个点进行加拍，在$1hm^2$次生林样地中随机选取的24个样点加拍。应用配套的分析软件得到拍摄样点上方的叶面积指数，参照祁有祥等的方式(祁有祥，2009)，使用Photoshop CS软件统计二值化图像中天空影像像素数量a与去除树干的总影像像素数量A，郁闭度f的计算按式(3-2)计算，各样地的郁闭度取样地内各测点均值。3种林分各集水槽上方的鱼眼镜头或数码照片如图3-5至图3-7所示。实验中使用的CI-110型叶面积指数仪与HOBOU30型自计气象站见图3-4。

$$f = 1 - \frac{a}{A} \tag{3-2}$$

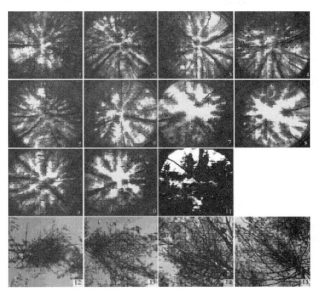

图 3-5　油松林小样地集雨槽正上方冠层鱼眼照片与单木普通数码照片

Fig. 3-5　Fish – eye images and digital photograph of individual trees of canopy upon the troughs for throughfall collection set in small sample plots of planted Chinese pine forests

1—3#；2—9#1；3—9#2；4—9#3；5—9#4；6—9#5；7—10#3 林窗；8—10#4 林窗；9—12#；10—13#；11—15#；12—10#1 单木1；13—10#2 单木2；14—12#单木；15—13#单木（1～11 为鱼眼照片，12～15 为普通数码照片）

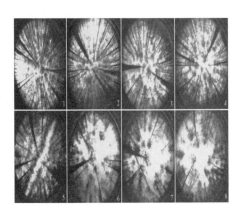

图 3-6　落叶松林小样地集雨槽正上方冠层鱼眼照片

Fig. 3-6　Fish – eye images of canopy upon troughs for throughfall collection set in small sample plots of planted Larch forests

1—1#北；2—1#南；3—2#北；4—2#南；5—4#，6—18#1 单木；7—18#2 单木；8—18 林窗（均为鱼眼照片）

图 3-7　次生林小样地集雨槽正上方单木普通数码照片

Fig. 3-7　Digital photograph of canopy upon troughs for throughfall collection set in small plots of the secondary forest

1—次落1；2—次落2；3—次白1；4—次白2；5—次杨1；6—次杨2；7—次杨3（均为普通数码照片）

3.2.2.3 枯落物与土壤饱和持水率的测定

用浸水、烘干的方法在各样地分坡位取样测定枯落物持水率，用环刀取样、烘干的方法在各样地分坡位取样测定土壤持水率。取样坡位按样地内的上下位置选取，个数视样地大小与实际情况而定，各坡位分 0～20cm，20～40cm，40～60cm 3 个土层取样。本文中实验实际一般测枯落物持水取 3 个坡位，测土壤持水取 2 个坡位。计算枯落物的吸水速率时以开始吸水时刻 t_a 至开始吸水后某时刻 t_b 经历时间内的平均吸水速率作为开始吸水时刻 t_a 与开始吸水后某时刻 t_b 的中间时刻 t_m 的即时吸水速率。做林分功能与结构耦合的典型相关分析使用枯落物与土壤的饱和持水率(或最大持水率)作为功能指标。

3.2.2.4 油松人工林水量观测装置的布设

鉴于研究区油松人工林的栽植、经营面积较大，在 2011 年选择林分密度差别明显的 9 号样地与 10 号样地两块油松人工林样地进行穿透雨观测装置的集中布设，即相对于其他样地而言，将数目相对较多的观测穿透雨的集雨槽分配布设到 9 号样地与 10 号样地，供截留模型研究用；后逐步增加布设了简易蒸散装置、简易径流小区等。9 号样地面积较大，其林分密度为 1408 株/hm² 左右，该密度为当地处于抚育经营期的一般的代表性油松林林分密度；10 号样地的林分密度为 600 株/hm²，为当地处于抚育经营后期、间伐后的代表性油松林林分密度。

(1)穿透雨观测装置在油松人工林 9、10 号样地的集中布设

9、10 号样地中各集雨槽均选择性地布设在了 20m×20m 的样地范围内，该样地范围含 4 个 10m×10m 的小样方。9 号样地中的这个 20m×20m 的样地范围在 40m×100m 的大样地的右下角，该范围内油松的密度为 1925 株/hm²，为表述方便，称该范围为"9 号模型样地"；10 号样地规格原本为 20m×20m，密度为 600 株/hm²，本文中修正 Gash 模型的穿透雨观测数据以 9 号模型样地与 10 号样地为基础。

树干茎流的径级标准木的选择方面，由于接近某一胸径值(选定等株径级标准木的胸径值)的单木在林内某个位置附近比较难找，这样样地内经选择布设干流引流管的单木比较容易分散，9 号模型样地与 10 号样地树干茎流观测使用的径级标准木未完全选择在它们的 20m×20m 范围内。

9 号模型样地与 10 号样地中各集雨槽上方的冠层情况参见表 3-2，各集雨槽上方照片参见图 3-5。9 号模型样地中的各集雨槽编号分别为 9#1、9#2、9#3、9#4、9#5；10 号样地中的各集雨槽编号分别为 10#1 单木 1、10#2 单木 2、10#3 林窗、10#4 林窗。

穿透雨在森林降雨分配中占有较大比例，穿透雨的观测对截留模拟及相关降雨分配模拟的影响很大，因此，9 号模型样地与 10 号样地做修正 Gash 模型使用的重要参数郁闭度 c 值只使用由各样地各集雨槽上方的冠层的鱼眼照片分析得到的郁闭度值的平均值，而不使用由样地内集雨槽周围测点上方冠层的鱼眼照片分析得到的郁闭度值，以保证观测与模拟对象的一致性。这样得到的 9 号模型样地的平均郁闭度为 0.8578，10 号样地的平均郁闭度为 0.6118。

根据样地调查得到的林地检尺数据中每株单木在样地中的横、纵坐标与每株单木的胸径、冠幅数据，用 Visual Basic 6.0 软件的相关绘图语句，编程绘制 9 号模型样地与 10 号样地的林木投影分布图，并标注集雨槽的安放位置，如图 3-8 所示。

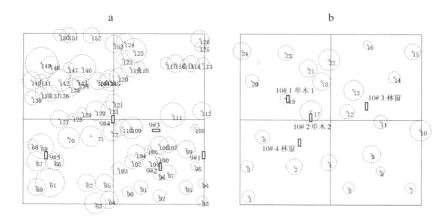

图 3-8　油松人工林 9 号模型样地（a）与 10 号样地（b）集雨槽的分布

Fig. 3-8　The distribution of troughs for throughfall collection at No. 9 – model sample plot and No. 10 sample plot

注：图中每株单木用 1 个实线作的小圆表示树干投影，用同心的虚线作的大圆表示树冠投影范围，长方形的方框表示集雨槽的安放位置。

（2）简易蒸散装置的布设

主要参照《土壤物理性质测定方法》（中国科学院南京土壤研究所土壤物理研究室，1978）中蒸发装置的制作方式，考虑到称量带土筒体质量的天平或电子秤的精度随量程的增大而降低，结合分析研究区单位体积土壤持水饱和后的质量，按一定比例缩小书中蒸发装置的尺寸，使装土、饱和后的筒体的质量在市面上可买到的价位较合适的精度尽量高的天平或电子秤的量程范围之内。

本研究设计的简易蒸散装置为双层套筒结构，筒径为 16cm。外筒有底可存渗漏水，高 30cm，底部外侧焊有支架，埋入土中后可起到固定外筒的作用。内筒有底且带孔，可使渗漏水渗至外筒，高 24cm，上部筒沿设有提手便于称重用。内、外筒间的缝隙用透明胶带粘贴遮盖，可防止雨水顺该缝隙进入外筒底部。内、外筒沿打有小孔，可用小锁锁住作防盗用。配套使用电子秤为北方首衡电子产品有限公司生产，型号为 H2 – HAW – 15A。配套使用有刻度的大针管用于抽取雨量较大时渗漏产生的外筒底部的存水。

根据要安置简易蒸散装置的环境情况，在研究区南部 9 号样地、10 号样地林内典型的地表情况有 2 种：只有枯落物覆盖的地表与既有枯落物又有小灌木、草本覆盖的地表。在9、10 号样地分别设置的简易蒸散装置中的土壤表层，各设一个只有枯落物覆盖处理和既有枯落物又植入小灌木、草本的处理。在同为阳坡坡向的林外，有小灌木、草本植物分布的地点设置对照蒸发装置——南部对照，在南部对照装置中植入该地点坡上的小灌木与草本植物。另外在北部西色树沟的平坦草地也设置简易蒸散装置做对比分析，同样植入该地点的典型地被植物（主要为草本，基本无灌木）。

对蒸发装置内筒的称重正常以 5 天为一周期，在每周期第一天上午 8∶00 左右、第一天傍晚 18∶00 左右与第二天上午 8∶00 左右固定称重，以便可区分计算白昼与夜间的林内蒸散量。另外雨后进行加测。

简易蒸散装置如图 3-9 所示。

图 3-9　实验中部分自制简易蒸散装置

Fig. 3-9　Some of self – made simple evapotranspiration measuring devices in the experiment

1. 埋入土中的装置(土壤表面只覆盖枯落物); 2. 埋入土中的装置(土壤表面覆盖枯落物与小型灌木、草本植物); 3. 用电子秤称量带土内筒质量; 4. 提出内筒后用大注射器抽取到的雨量较大时渗漏产生的外筒中的存水

3.2.3　样地气象环境指标观测

气象环境指标观测在植物生长季后期的夏、秋季进行,测定各样地内太阳光照度、气温、空气相对湿度、空气负离子、地表温度、10cm 与 20cm 土层深度地温,林内观测同时选择 3 处林外空旷处做对照测定。样地内与林外对照的照度、气温、空气相对湿度、空气负离子的观测高度为 1.5m 左右。地表温度观测时使温度计感温端下半侧贴地面,上半侧与空气接触。在晴天对于林内照度的测定以测定太阳散射光为主,太阳散射光与直射光分开记录。

观测仪器方面,太阳光照度用 TES 数位式照度计(产地:中国台湾;生产商:泰仕电子工业股份有限公司)测定;空气温度与地表温度用普通温度计测定;空气湿度用通风干湿表测定;空气负离子浓度用 AIC1000 型负离子计(产地:美国;生产商:LPHA 公司)测定;10cm、20cm 土层深度地温用常用地温计测定。

3.3　数据处理、分析及模型构造方法

3.3.1　典型相关分析模型的构建系列方法体系

3.3.1.1　3 种典型林分穿透率、树干茎流率与降雨、林分结构指标回归关系的确定

多元统计分析是进行水文数据处理的常用方法,如 1958 年,美国 W C Krumbein 将计算机应用于地质学,并公布了计算机地质趋势面分析程序(张济世等,2006)。1961 ～ 1970 年,多元统计分析在地质学中大量应用,数学地质发展为一门独立的学科,以后的 30 年,在计算机应用的促进下,水文学领域中多元统计分析也得到迅速发展(张济世等,2006)。

为明确研究区油松人工林(中龄 – 成熟)与落叶松人工林(中龄 – 成熟)穿透雨率与降雨因素与林分结构因素的量化关系,采用多元统计分析中的逐步回归分析技术,应用 SAS 统计软件 9.0 版建立人工林中林内雨穿透率(%)与 10m×10m 小样地的主要、易获取的降雨变量——采用国家气象局的雨量等级(降雨强度)的划分标准,与林分结构变量——含平

均树高、平均胸径、平均枝下高、平均冠层厚度(平均树高 – 平均枝下高)、郁闭度(主要部分由鱼眼相片求得)、林分密度的最优线性回归方程,以明确与穿透率有关系的林分结构变量及这些变量对穿透率拟合的贡献大小;并为提高模拟精度,采用二次响应曲面(高慧璇等,1997)建立林内雨穿透率(%)与直接获得的林分结构变量(平均树高、平均胸径、平均枝下高、郁闭度及林分密度)的二次多项式方程。

林内降雨穿透率受降雨量影响很大。一般随降雨量的增大,林内降雨穿透率先迅速增大,达到某一降雨量时增幅逐渐减小,以后穿透率趋于稳定。如将分析细到各场降雨反受随机因素干扰、样本观测重叠过多而失去应用意义,拟合的决定系数 R_2 也不高。而研究期观测到的主要降雨量范围在 50mm 以内,我们根据国家(国家气象局)一般通用的雨量级划分标准,即以日降雨量 0 ~ 10mm 为小雨,10 ~ 25mm 为中雨,25 ~ 50mm 为大雨,先将 2 种人工林各小样地穿透率划分为 3 个雨量级,再将各槽各次林内雨穿透率细划分入 0 ~ 5mm、5 ~ 10mm、10 ~ 15mm、15 ~ 20mm、20 ~ 25mm 与 25 ~ 50mm 6 个亚雨量级范围(前 5 个 5mm 一级,最后一个取到降雨次数较少,无法再细分,统划分为一级),用 SAS 软件 9.0 版对各槽 6 个亚雨量级范围的穿透率大小进行差异显著性检验与排序(首先进行正态检验与方差齐性检验,符合正态性与方差齐性后用 Anova 方差分析过程对原始数据进行方差分析与 Duncan 多重比较;若有一项不符则用 Npar1way 过程进行 Kruskal – Wallis 非参数检验,并用 Rank 语句结合 Anova 过程对原始数据的秩次进行 Duncan 多重比较(丁元林等,2002),检验后看 2 种林型某雨量级所含的各亚雨量级的穿透率有无显著差异,如绝大部分小样地无显著差异则认为所查林型该雨量级范围内穿透率变化不大,回归分析时没有必要选各场降雨量为变量,而将该雨量级范围降雨量划为一级;如绝大部分小样地穿透率有显著差异,则根据多重比较的结果将雨量级进行再划分。这样,以通用的雨量级划分标准为基础,经过对观测数据检验、再划分后,得到新的雨量等级,再对新的雨量等级从小雨量级到大雨量级进行排序,从 1 开始赋正整数值,以便回归、建模使用。

油松人工林与落叶松人工林树干茎流率与降雨因素、林分结构因素的量化关系的确定方法同穿透率与降雨因素、林分结构因素的量化关系的确定方法。用于树干茎流率回归的林分结构变量选择经过精细测量的各径级标准木的树高、枝下高、胸径、冠幅,降雨因素仍用从 1 开始赋正整数值的雨量级。

由于小雨雨量级(0 ~ 10mm)的穿透率变异较大,而研究区大雨雨量级(25 ~ 50mm)的降雨较少,因此用各人工林样地中雨雨量级(10 ~ 25mm)的穿透率作为表征人工林穿透率的指标并做典型相关分析用。后文树干茎流率同理,也采用中雨雨量级的树干茎流率。

3.3.1.2 对出现降水"聚集效应"的数据的处理

在穿透雨的观测过程中,林内雨超过林外降雨是比较普遍的现象,表现出降水"聚集效应"(曹云等,2007;李振新等,2004;Gómez J A 等,2002)。如 Gómez 等(2002)发现橄榄树下的不同位点处的穿透雨率均超过100%,而且即使在降雨量很小的情况下也会出现这种现象,但在较高降雨强度时这种聚集效应更加明显。刘曙光等(1988)曾观测到100个观测点中有 29 个点的林下降雨量超过了林冠空隙处的降雨量;对于柑橘林,林下不同观测点上,某些降水情况下也出现过大于100%的穿透雨率(曹云等,2007)。战伟庆等(2006)观测到出现林冠截留负值的穿透雨样本占总样本数的13%,并将这种现象的原因归因于油松的针叶排列有组织性,使叶子上雨水流向叶柄并汇集,形成许多集中的雨滴点与油松大枝下垂有利于截持降雨汇流。David Dunkerley（2000）认为，穿透雨量超过降雨量是有问题的，因为可以造成截留负值。

对于林内宽阔林窗的集雨数据，刘曙光等（1988）假定林冠空隙处的林下降雨量等于林外降雨量，即它们的回归直线斜率为 1。这样，以林内各林窗内穿透率为 100%。

我们认为，根据水量平衡原理，降雨时总雨量必然有一部分被截留，因而林内降雨量必然少于林外的，出现穿透率大于 100% 或截留负值应该是由于林冠不均使林分内部局部降雨较多造成的，因此，在本文的分析中采取以下措施：

①在为建立关于穿透率的最优回归方程而处理数据的过程中，不用某些集雨槽在某场降雨后收集到的穿透率大于 100% 的"异常"数据。

②对于修正 Gash 模型研究用的 9 号模型样地与 10 号样地的穿透雨实测数据，由于样地的穿透雨量按样地内多个集雨槽取的平均值（含按郁闭度进行面积比例分权的加权平均值）计算，因而样地内即使某些个别集雨槽的穿透率大于 100%——即穿透雨量大于林外对照也不一定造成样地的穿透雨量大于对照，这样，即使某些个别集雨槽的穿透率大于100%，但作为实测数据仍然列入实测值统计使用。

③笔者认为如果出现"聚集效应"或"截留负值"，已无所谓"持水"，因此在使用穿透雨与降雨量作散点图求冠层持水能力 S 时，无论用由单个集雨槽收集的穿透雨数据，或是按样地内多个集雨槽取的平均值（含按郁闭度进行面积比例分权的加权平均值）计算中，均不用穿透率大于 100% 的"异常"数据。

3.3.1.3 土壤环境变量中 2 年土壤、枯落物自然含水率的统一处理

土壤、枯落物自然含水率容易受环境因素的影响而变化较大，而一般样地调查在植物生长季的某个晴天对某样地取样测定含水率而不做动态测定，这样得到的样地的土壤含水率的代表性有一定限制；而如果同时或在相近时间、相似环境测定的多个样地的土壤含水率是可以相互对比的。

实际遇到的问题是，由于调查与实验历时 2 年，需要将 2 年的植物生长季测定的不同样地的土壤、枯落物含水率数据进行统一对比，由于一般样地调查时间比较集中，且一般样地调查在晴天进行，同一年的生长季内调查的多个样地的土壤、枯落物含水率有可比性；而不同年份植物生长季的土壤环境变化较大，这样测定于不同年份的不同样地组的土壤、枯落物含水率数据应该不能直接对比，为统一对比，考虑使用水文学中常用的"同倍比缩放"［同倍比法（刘俊民）］的思想，将各年生长季测定的各样地组的土壤、枯落物含水率数据取平均并求比值，再以一年为准，将这一年作为"基准年"，再将其他年份的土壤、枯落物含水率数据乘以这个比值，缩放到基准年，这样处理后的数据就有了可比性。

具体处理数据时，将 2009 年植物生长季测定的 1、2、3、4 号样地的土壤、枯落物含水率数据取平均，得到 W_{A2009}；将 2010 年植物生长季测定的 9、10、12、13、15、18 号样地与次生林大样地的土壤、枯落物含水率数据取平均，得到 W_{A2010}，再求比值 W_{A2010}/W_{A2009}，再将 2009 年植物生长季测定的每个土壤、枯落物含水率数据值都乘以 W_{A2010}/W_{A2009}。经同倍比缩放后的 2009 年植物生长季测定的 1、2、3、4 号样地的土壤、枯落物含水率数据就与2010 年植物生长季测定的 9、10、12、13、15、18 号样地的土壤、枯落物含水率数据有了可比性。

3.3.1.4 因子分析对多元结构、功能变量的降维

因子分析是用较少个数的公共因子的线性函数与特定因子之和来表达原观察变量 X 的每一个分量，以便合宜的解释原变量 X 的相关性并降低其维数（袁志发等，2002）。本文使用 SAS 软件 9.0 版，调用 FACTOR 过程做因子分析，分析方法用主成分分析法［使用语句：METHOD（或 M）＝ PRINCIPAL（或 P）］，保留特征值累积超过 0.85 的主成分求因子载荷阵，用方差极大法［使用语句：ROTATE（或 R）＝ VARIMAX（或 V）］进行因子旋转（裴喜春等，1998）。使用各样本值标准化因子得分对各样本进行排序分析并备典型相关分析使用。

3.3.1.5 结构与功能耦合关系的实现——典型相关分析（或典范相关分析）方法

为了研究两组随机变量之间的关系，把每组变量形成一个线性组合，称为这组变量的综合变量，然后研究两组综合变量的相关，这种相关分析称为典型相关分析（袁志发等，2002）。典型相关分析揭示了两组变量的内在关系，更深刻地反映了这两组随机变量之间的线性相关情况。综合变量对间的典型相关强弱程度不同，就形成了不同的典型变量对（袁志发等，2002）。本文使用 SAS 软件 9.0 版，调用 CANCORR 过程做典型相关分析（裴喜春等，1998）。

3.3.2 冠层参数的提取方法

3.3.2.1 树干茎流系数 P_t 的提取方法

本文中模型模拟使用的某个干流收集装置得到的树干茎流系数 P_t 值按降水量转化为树干茎流量的比例（王文等，2010）计算，即按历场集雨总干流量与总降雨量的商计算。

3.3.2.2 林冠持水能力 S 的提取方法

本文基于 2 种间接方法求算林冠持水能力 S：一种按未考虑蒸发的林冠持水能力 S 的方法（Zimmermann B 等，2010），即穿透雨量 =0 时的降雨量［按式（3 - 3），$S = -a/b$］；另一种按 Leyton 等的方法（Leyton L 等，1967）求算。

在按 Leyton 等的方法进行操作时，存在对于关键数据点选取具有明显主观性的不足（王文等，2010），因此在 Leyton 等的方法的基础上，设计一定的方法减弱主观性——为表述方便笔者称其为 Leyton - 最上方 5 点约束的方法。具体方法如下：

①在 Excel 软件中录入透雨量与降雨量数据，应用最小二乘法，求算穿透雨量 - 降雨量回归直线公式，可称为"初始回归直线"，形如式（3 - 3）所示。

$$T_f = bP + a \tag{3 - 3}$$

式（3 - 3）中，T_f 为穿透雨量；P 为降雨量；a、b 为回归系数，a 为纵截距，b 为斜率。

②用穿透雨量与降雨量数据，以降雨量为横坐标，穿透雨量为纵坐标，在 Excel 表中自动生成散点图，并自动生成穿透雨量 - 降雨量回归直线公式，将此公式与用最小二乘法求算的穿透雨量 - 降雨量回归直线公式对比校核。在求算过程中即计算出回归直线公式的 2 个回归系数 a 与 b［详细计算过程参见统计书籍（吕雄等，2000）］。

③将某块样地的各径级标准木得到的树干茎流系数求平均，得到该样地的树干茎流系数 P_t，求算 $1 - P_t$ 的值。

④用 Excel 软件求算穿过穿透雨量 - 降雨量回归直线散点图中配对散点，且斜率为 $1 - P_t$ 的直线。方法为：用 $1 - P_t$ 代替前面求出的穿透雨量 - 降雨量回归直线公式（3 - 3）中

的斜率回归系数 b，再根据最小二乘法中计算纵截距的方法，用新的 b 值，即 $1-P_t$ 与历次降雨量均值、历次穿透雨量均值求算斜率 b 变为 $1-P_t$ 后的纵截距 a'，如式（3-4）所示。

$$a' = \text{历次穿透雨量均值} - (1-P_t) \times \text{历次降雨量均值} \qquad (3-4)$$

于是得到斜率 b 改变为 $1-P_t$ 后，且穿过穿透雨量-降雨量回归直线图中配对散点的直线，可称为"替换斜率后回归直线"，如式（3-5）所示。

$$T_f = (1-P_t)P + a' \quad \text{或} \quad (1-P_t)P - T_f + a' = 0 \qquad (3-5)$$

⑤根据点到直线距离公式，将历场降雨的穿透雨量与降雨量值，即穿透雨量-降雨量回归直线图中的配对散点（P_n，T_{fn}）代入式（3-6）中，在 Excel 软件中计算散点图中各点到斜率改变为 $1-P_t$ 后的回归直线的距离 D。

$$D = \frac{(1-P_t)P_n - T_{fn} + a'}{\sqrt{(1-P_t)^2 + 1}} \qquad (3-6)$$

将各点到直线的距离由大到小排序，找出位于直线左上侧且距直线最远的 5 个点，笔者把这 5 个点作为穿透雨量-降雨量回归直线图中的"最上方的若干个散点"，对应 5 场降雨，可简称为"最远上方散点"。

⑥根据公式（3-7）求算穿过以上找到的 5 个"最远上方散点"且斜率为 $1-P_t$ 的穿透雨量-降雨量回归直线的纵截距 a''：

$$a'' = 5 \text{ 个最远上方散点穿透雨量均值} - (1-P_t) \times 5 \text{ 个最远上方散点降雨量均值}$$
$$(3-7)$$

3.3.2.3　树干持水能力 S_t 的提取方法

本文计算分析中将树干持水能力 S_t 取树干茎流量与降雨量关系式（直线）在 y 轴截距的负值（Limousin J M 等，2008；何常清等，2010）。

3.3.3　基于 Visual Basic 6.0 编程的修正 Gash 模型模拟程序的编制

利用由 9 号模型样地、10 号样地在 2010 年、2011 年两年的各集雨槽、树干茎流收集、观测装置分别得到的冠层参数，结合 2011 年气象站的气象数据，基于 Visual Basic 6.0（以下简称 VB）可视化编程方法，根据修正 Gash 模型的基本公式与相关的气象学、水文学公式，编制修正 Gash 模型程序——"修正 Gash 模型模拟系统"，根据给定冠层参数与气象、水文常规观测变量的林分实现对林分截留量、穿透雨量与树干茎流量的便捷、全面与动态模拟，支持实测数据与模拟数据的动态对比、拟合效果分析，并提供以确定参数为基准的参数敏感度分析，支持动态拟合效果与参数敏感度分析结果的图、表形式显示与图形文件保存，以期实现对林分冠层降雨分配模拟研究与初步应用提供软件支持。

编制模型程序前先用 Microsoft Office Excel 软件，根据修正 Gash 模型的基本公式与相关气象学、水文学公式，用由 Excel 软件统计、计算得到的冠层参数与气象、水文常规观测变量数据，计算得到模型的模拟结果与参数敏感度分析结果；再根据所用的公式与数据编制 VB 程序计算，将由 Excel 软件与 VB 程序计算的结果相互对比、校核，以保证计算过程的正确性与准确性。

3.3.3.1　模型程序中的变量定义

编程过程中将修正 Gash 模型模拟使用的全部变量统一定义，对涉及模型中关键计算过程的数值型变量的定义以双精度为主。模型程序中定义的变量及其意义如表 3-3、表 3-4 所示。

表 3-3　修正 Gash 模型模拟程序中定义的变量及意义（第 1 部分，共 2 部分）

Table 3-3　Variables defined in the program for simulating revised Gash model and their meanings(part 1 , 2 parts in all)

变量	变量类型	变量意义	变量	变量类型	变量意义
txtPath	字符串型	文本文件的路径	txtData	字符串型	单行文本内容
N( )	双精度型(A)	录入观测气象数据行号	AP( )	双精度型(A)	气压
AT( )	双精度型(A)	气温	AH( )	双精度型(A)	空气相对湿度
R( )	双精度型(A)	降雨量	RI( )	双精度型(A)	降雨强度
WS( )	双精度型(A)	风速	SR( )	双精度型(A)	太阳辐射
TH( )	双精度型(A)	冠层高度	AD( )	双精度型(A)	样地与安置气象站的空旷地的海拔差
I	整型	录入观测气象数据行数 +1	II	整型	录入观测数据行数 +1
j	整型	计算中实用的数据行数	BHSQY( )	双精度型(A)	饱和水汽压
SJSQY( )	双精度型(A)	实际水汽压	BHSQYYW DQXDXL( )	双精度型(A)	饱和水汽压与温度曲线的斜率 Δ
GSBCS( )	双精度型(A)	干湿表常数	LWYGD( )	双精度型(A)	零位移高度
CCCD( )	双精度型(A)	粗糙长度	LGSF2mGD( )	双精度型(A)	林冠上方 2m 高度
LGSF2m GDFS( )	双精度型(A)	林冠上方 2m 高度风速	KQDLXZL( )	双精度型(A)	空气动力学阻力
E( )	双精度型(A)	Penman – Monteith 蒸发速率	k	双精度型	卡曼常数
ARou	双精度型	空气密度	Cp	双精度型	空气在常压下的比热容
Landa	双精度型	水的汽化潜热	c	双精度型	林冠郁闭度
S	双精度型	林冠持水能力	Sc	双精度型	S/c
St	双精度型	树干持水能力	Stc	双精度型	S_t/c
Pt	双精度型	树干茎流系数	Ptc	双精度型	P_t/c
Pg( )	双精度型(A)	林冠达到饱和所需的降雨量	Pgt( )	双精度型(A)	树干达到饱和所需的降雨量
Gsm( )	双精度型(A)	林冠未达到饱和的 m 次降雨的截留量	Gsn1( )	双精度型(A)	林冠达到饱和的 n 次降雨的林冠加湿过程
Gsn2( )	双精度型(A)	降雨停止前饱和林冠的蒸发量	Gsn3( )	双精度型(A)	降雨停止后的林冠蒸发量
Gstq( )	双精度型(A)	q 次树干茎流树干蒸发量	Gstmnq( )	双精度型(A)	$m+n-q$ 次树干茎流树干未达到饱和蒸发量
GI( )	双精度型(A)	模拟截留量	SF( )	双精度型(A)	模拟树干茎流量
TF( )	双精度型(A)	模拟穿透雨量	s1, s2, s3, s4, s5, s6, s7, s8, s9	双精度型	模型模拟分列显示使用的各指标求和变量
Nm( )	双精度型(A)	录入观测气象数据行号	TFm( )	双精度型(A)	实测穿透雨量
SFm( )	双精度型(A)	实测树干茎流量	Im( )	双精度型(A)	实测截留量
Max1	双精度型	储存程序排出的模拟值中的最大值	Min1	双精度型	储存程序排出的模拟值中的最小值
Max2	双精度型	储存程序排出的观测值中的最大值	Min2	双精度型	储存程序排出的观测值中的最小值
Max	双精度型	储存程序排出的模拟值中的最大值与观测值中的最大值中的最大值	Min	双精度型	储存程序排出的模拟值中的最小值与观测值中的最小值中的最小值
a	长整型	循环数	b	长整型	循环数

注："变量类型"列中标"(A)"的格的左格的变量为数组变量。

表 3 – 4　修正 Gash 模型模拟程序中定义的变量及意义（第 2 部分，共 2 部分）

Table 3-4　Variables defined in the program for simulating revised Gash model and their meanings（part 2, 2 parts in all）

变量	变量类型	变量意义	变量	变量类型	变量意义
Simulating condition1	整型	判定开始拟合条件满足与否的变量	Simulating condition2	整型	判定开始拟合条件满足与否的变量
LockingValue	整型	图形坐标系锁定变量	MaxLock	双精度型	储存赋给作图过程使用的最大纵坐标值
MinLock	双精度型	储存赋给作图过程使用的最小纵坐标值	AverageE	双精度型	储存各场降雨蒸发速率的平均值
AverageRI	双精度型	储存各场降雨降雨强度的平均值	sE	双精度型	储存各场降雨蒸发求和值
sRI	双精度型	储存各场降雨降雨强度求和值	PgS( )	双精度型（A）	林冠达到饱和所需的降雨量（S）
PgtS( )	双精度型（A）	树干达到饱和所需的降雨量（S）	GsmS( )	双精度型（A）	林冠未达到饱和的 m 次降雨的截留量（S）
Gsn1S( )	双精度型（A）	林冠达到饱和的 n 次降雨的林冠加湿过程（S）	Gsn2S( )	双精度型（A）	降雨停止前饱和林冠的蒸发量（S）
Gsn3S( )	双精度型（A）	降雨停止后的林冠蒸发量（S）	GstqS( )	双精度型（A）	q 次树干茎流树干蒸发量（S）
GstmnqS( )	双精度型（A）	$m+n-q$ 次树干茎流树干未达到饱和蒸发量（S）	GlS( )	双精度型（A）	模拟截留量（S）
SFS( )	双精度型（A）	模拟树干茎流量（S）	TFS( )	双精度型（A）	模拟穿透雨量（S）
SensitivityStep	双精度型	敏感度分析图最小刻度间隔（S）	h	整型	数列循环数序（S）
Sensitivity MarkingValue	双精度型	实际分位循环值（S）	Nh	整型	基本分位循环数（S）
Ns	整型	实际循环数（S）	NMiddle	整型	中间分位数序（S）
hh	整型	参数敏感度分析图的坐标刻度的循环数（S）	Rs	双精度型	参数敏感度分析用的降雨量（S）
SensitivityUp	双精度型	参数敏感度分析作图的录入上限（S）	Sensitivi- tyDown	双精度型	参数敏感度分析作图的录入下限（S）
LegendEnter	整型	生成图例初始位置的纵坐标（S）	LegendSwitch	整型	敏感度分析图图例开关变量（S）
RainfallSigner	整型	确定敏感度分析图中是否标示分析用降雨量的变量	SSigner	整型	确定敏感度分析图中是否标示分析用林冠持水能力的变量
cSigner	整型	确定敏感度分析图中是否标示分析用郁闭度的变量	StSigner	整型	确定敏感度分析图中是否标示分析用树干持水能力的变量
PtSigner	整型	确定敏感度分析图中是否标示分析用树干茎流系数	ESigner	整型	确定敏感度分析图中是否标示分析用蒸散速率
RISigner	整型	确定敏感度分析图中是否标示分析用雨强度	Sensitivity Plo- tRadius	双精度型	储存敏感度分析图中点半径的变量
Sensitivity PlotBack	整型	储存敏感度分析图中点背景情况的变量	Password	字符串型	系统密码

　　注：“变量类型”列中标“（A）”的格的左格的变量为数组变量；“变量意义”列中标“（S）”的格表示其左 2 格的变量为参数敏感度分析过程使用的变量。

3.3.3.2　模型程序的数据导入、储存与计算调用

（1）数据导入

很多应用软件的数据导入多从文本文件（txt 文件）导入数据，这样可满足大数据量导入计算的需求，本文中编制的程序也采用这一方式导入数据。

程序的数据导入过程通过通用对话框指示、选择数据文本文件所在路径，判断是否选择了文本文件等。

用于录入数据的文本文件中的各指标数据除降雨场次外均宜保留多位小数以便于把握计算精度，或观察比较用 Excel 文件与用 VB 编程计算结果是否一致。笔者在编程与程序调试过程中保留 6 位小数。

本文中编制的程序导入的 txt 文件有 2 种：一种是环境变量文件，储存场降雨环境变量（主要为气象变量）数据，储存各场降雨发生时段内各环境变量的均值，该文件储存的数据用于求算各场降雨的穿透雨量、树干茎流量与截留散失量与有关分析的进行；另一种是观测数据文件，储存场降雨观测数据，包括各场降雨发生时段内实测的穿透雨量、树干茎流量与截留散失量，该文件储存的数据用于提供实测降雨的穿透雨量、树干茎流量与截留散失量与有关分析的进行。

（2）数据储存

用"Do…Loop"语句读文本文件中各数据行。读各数据行时用"Split"语句将字符串型的各数据行分解为若干个字符串型的变量，"若干"指文本文件的列数，即录入数据的变量数或指标数。用 EOF 语句检查读取是否读到文件末尾；当读到文件末尾时即获取到文件行数 I——I 行数据中含有第一行的标题与后面 I−1 行的数值数据。由于预先不知道文本文件中数据的行数，因此定义可调数组（或称动态数组）备储存待读入的变量，当获取到文件行数 I 后，用"Redim"语句对可调数组进行重定义，重定义后可调数组储存的数据个数有了限制——I，即将读各数据行时经"Split"语句分解得到的若干个字符串型的变量传递给预先定义的相同个数的可调数组中进行储存，这样经 I 次循环后，文本文件中的若干个变量（或指标）即若干列的 I 行数据就被传递给若干个含有 I 个数据的录入变量而储存起来备一次运行的计算时使用。以环境变量的录入为例，列出主要 VB 程序代码。代码中符号"′"后为注释语句（注释语句复制到程序中后自动变为绿色，只起指示说明作用而不参与程序执行），本文中将注释语句说明用楷体标示，后同。主要 VB 程序代码如下（该段代码参考了百度网络）：

Public Sub Variable_ Click( )　′"Variable"为程序中导入环境变量数据的菜单项的名称

I = 0　′每次开始执行时将 I 设为 0

With CommonDialog1　′通用对话框，通过菜单栏"工程"——＞"引用"对话框引用该控件

′此处省略了文件导入部分的语句

Open txtPath For Input As #1　′打开文件（txtPath 由通用对话框指定，相关代码略）

Do While Not EOF(1)　′循环读取数据直到文件末尾

Line Input #1，txtData　′每次读入一行文本数据

If Trim(txtData) ＜ ＞ "" Then　　′判断是否读入空行

ReDim Preserve N(I)，AP(I)，AT(I)，AH(I)，R(I)，RI(I)，WS(I)，SR(I)，SR

(I)，TH(I)，AD(I)′重新定义动态数组

N(I) = Split(txtData)(0)′读当前行时，存储该行中降雨场次到储存降雨场次的数组中。

AP(I) = Split(txtData)(1)′读当前行时，存储该行中气压到储存气压的数组中。

AT(I) = Split(txtData)(2)′读当前行时，存储该行中气温到储存气温的数组中。

AH(I) = Split(txtData)(3)′读当前行时，存储该行中空气相对湿度到储存空气相对湿度的数组中。

R(I) = Split(txtData)(4)′读当前行时，存储该行中降雨量到储存降雨量的数组中。

RI(I) = Split(txtData)(5)′读当前行时，存储该行中降雨强度到储存降雨强度的数组中。

WS(I) = Split(txtData)(6)′读当前行时，存储该行中风速到储存风速的数组中。

SR(I) = Split(txtData)(7)′读当前行时，存储该行中太阳辐射通量密度到储存太阳辐射通量密度的数组中。

TH(I) = Split(txtData)(8)′读当前行时，存储该行中林分树高到储存林分树高的数组中。

AD(I) = Split(txtData)(9)′读当前行时，存储该行中样地与安置气象站空地的海拔差到储存样地与安置气象站空地的海拔差的数组中。

I = I + 1
End If
Loop
Close #1 ′关闭文件
′此处省略了其他程序设置语句。
End Sub

(3)数据调用及计算

由于作为导入文件的文本文件中第一行为指标名称标识数据而不是数值数据，因此进行完I次循环后读入的I行数据中含有一行指标名称数据与I−1行数值数据——程序系统在主界面的左下角实时跟踪显示录入数值数据的行数I−1，并将I−1行数值数据分配到各数组变量中，直观如图3-10所示。在通过For循环进行各种数据的调用与计算时，须使循环从各数组的第2个值(下标为1)开始调用数据，至第I个值(下标为I−1)结束调用数据。由于数据调用未从各数组的第1个值(下标为0)开始，即未调用指标名称标识数据，因此字符形式的标题仅起指示数据的标识作用，而未参与实质性的调用与计算。

以饱和水汽压的计算程序为例说明程序中一般的调用计算过程：

Public Sub es_ Click()′"es"为程序中计算饱和水汽压的菜单项的名称

Label2. Visible = True

Label2. Caption = "参数计算——饱和水汽压(es，Pa)："

Text2. Visible = True

Command2. Visible = True

Text2. Text = ""　′开始运行前将Text2里可能有的内容(如上一次的)清空

'下行代码运行与文本文件气象数据调入后，即运行前已获取文件长度即行数 I，因此重定义各储存各相关变量的可调数组。

ReDim BHSQY(I)　'重定义储存饱和水汽压的数组

For j = 1 To I − 1 '一次循环开始，下标范围：由 1 至 I−1

BHSQY(j) = 6.11 * 10 ^ (7.45 * Val(AT(j)) / (Val(AT(j)) + 237.3)) * 100 '饱和水汽压计算公式

Text2. Text = Text2. Text & "第" & N(j) & "场降雨" & BHSQY(j) & vbCrLf '在文本框控件 Text2 里输出显示饱和水汽压计算结果。

Next j　'一次循环结束

Label19. Caption = I − 1 '最后在程序主界面左下角的标签控件中显示该过程进行后数组内数据实际循环调用数目。

End Sub

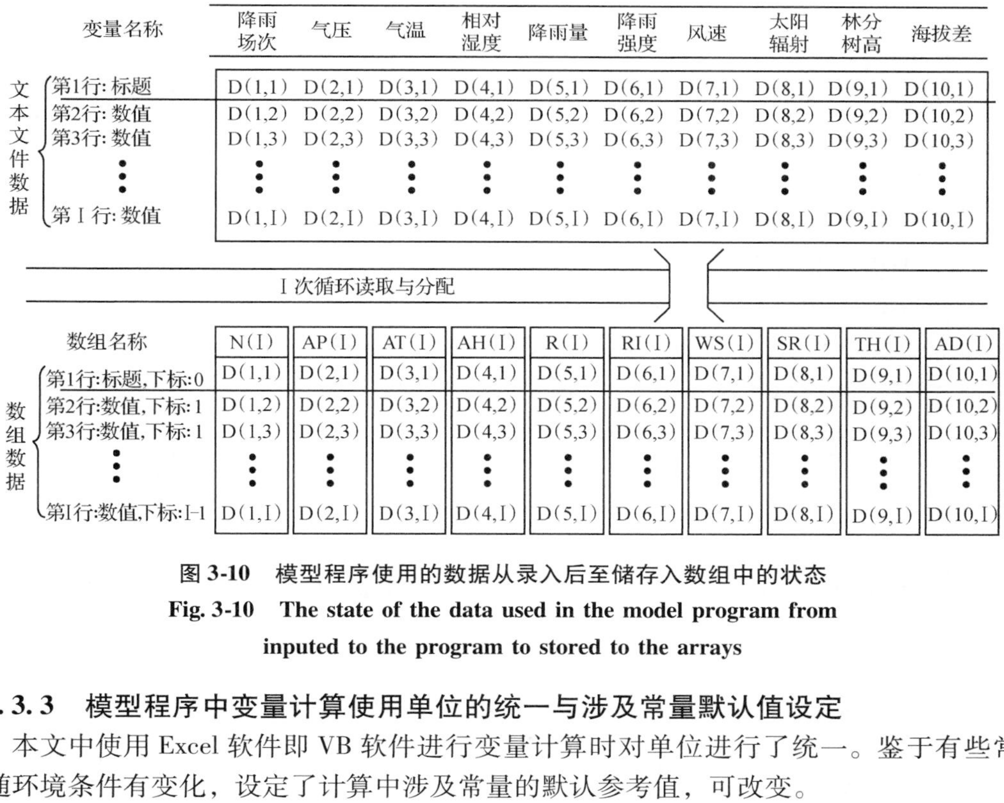

变量名称	降雨场次	气压	气温	相对湿度	降雨量	降雨强度	风速	太阳辐射	林分树高	海拔差
第1行:标题	D(1,1)	D(2,1)	D(3,1)	D(4,1)	D(5,1)	D(6,1)	D(7,1)	D(8,1)	D(9,1)	D(10,1)
第2行:数值	D(1,2)	D(2,2)	D(3,2)	D(4,2)	D(5,2)	D(6,2)	D(7,2)	D(8,2)	D(9,2)	D(10,2)
第3行:数值	D(1,3)	D(2,3)	D(3,3)	D(4,3)	D(5,3)	D(6,3)	D(7,3)	D(8,3)	D(9,3)	D(10,3)
⋮	⋮	⋮	⋮	⋮	⋮	⋮	⋮	⋮	⋮	⋮
第 I 行:数值	D(1,I)	D(2,I)	D(3,I)	D(4,I)	D(5,I)	D(6,I)	D(7,I)	D(8,I)	D(9,I)	D(10,I)

文本文件数据

I 次循环读取与分配

数组名称	N(I)	AP(I)	AT(I)	AH(I)	R(I)	RI(I)	WS(I)	SR(I)	TH(I)	AD(I)
第1行:标题,下标:0	D(1,1)	D(2,1)	D(3,1)	D(4,1)	D(5,1)	D(6,1)	D(7,1)	D(8,1)	D(9,1)	D(10,1)
第2行:数值,下标:1	D(1,2)	D(2,2)	D(3,2)	D(4,2)	D(5,2)	D(6,2)	D(7,2)	D(8,2)	D(9,2)	D(10,2)
第3行:数值,下标:1	D(1,3)	D(2,3)	D(3,3)	D(4,3)	D(5,3)	D(6,3)	D(7,3)	D(8,3)	D(9,3)	D(10,3)
⋮	⋮	⋮	⋮	⋮	⋮	⋮	⋮	⋮	⋮	⋮
第 I 行:数值,下标:I-1	D(1,I)	D(2,I)	D(3,I)	D(4,I)	D(5,I)	D(6,I)	D(7,I)	D(8,I)	D(9,I)	D(10,I)

数组数据

图 3-10　模型程序使用的数据从录入后至储存入数组中的状态

Fig. 3-10　**The state of the data used in the model program from inputed to the program to stored to the arrays**

3.3.3.3　模型程序中变量计算使用单位的统一与涉及常量默认值设定

本文中使用 Excel 软件即 VB 软件进行变量计算时对单位进行了统一。鉴于有些常量值随环境条件有变化，设定了计算中涉及常量的默认参考值，可改变。

需要说明的是，VB 软件进行内部数据计算时使用的变量单位与导入的 txt 文件中相应变量的单位不完全一致，如 txt 文件中的环境变量中的气象变量的单位是气象站记录气象变量数据的常用单位。编写的程序对其进行了转化。

空气密度是在一个标准大气压下，每立方米空气所具有的质量，将其默认值取通常情况下即 20℃ 时的值——1.205kg/m³（百度百科，2012.4.13）。20℃ 时水的汽化潜热为 2454J/g，即 2.454 MJ/kg（王馨等，2006），取之作为程序使用的水的汽化潜热的默认值。空气在常压下的比热容取 1.0048J/（g·℃）（何常清等，2010；王馨等，2006），即 0.0010048MJ/（kg·℃）。

各变量使用的单位如表 3-5 所示。

表 3-5　模型程序中变量的通用单位与涉及常量的默认取值
Table 3-5　Public units of variables used in the model program
and the default values of related constants

变量	单位	变量	单位
林冠截留量	mm	单次降雨事件的降雨量	mm
使林冠达到饱和的降雨量	mm	使树干达到饱和的降雨量	mm
平均林冠蒸发速率	mm/h	平均降雨强度	mm/h
林冠持水能力	mm	树干持水能力	mm
树干茎流系数	无量纲	林冠郁闭度	无量纲
气温	℃，通 K	空气相对湿度	%
饱和水汽压	Pa	实际水汽压	Pa
大气压	Pa	空气密度	1.205 kg/m³
干湿表常数	Pa/℃	水的蒸发（汽化）潜热	2.454 MJ/kg
饱和水汽压与温度曲线的斜率	Pa/℃	空气在常压下的比热容	0.0010048MJ/（kg·℃）
净辐射通量	MJ/（m²·s）	卡曼常数	无量纲，0.41
空气动力学阻力	s/m	树高	m
风速观测高度	m	粗糙长度	m
零平面位移高度	m	风速观测高度的风速	m/s
空地气象站 2m 高风速	m/s		

3.3.3.4　考虑风速为零情况的林冠蒸发计算

程序编制中用 Penman – Monteith 公式结合循环过程计算各场降雨时的林分冠层蒸发。

结合式（1–30）、式（1–36）与式（1–37）可知，当空地气象站风速 =0 时，林冠上方 2m 风速 =0——可看成无风的状态，此时空气动力学阻力趋于无穷大，冠层蒸发速率趋于 $\Delta R_n / [\lambda \cdot (\Delta + \gamma)]$，因此将 $\Delta R_n / [\lambda \cdot (\Delta + \gamma)]$ 作为风速为零时的林冠蒸发速率值，实际计算表明风速为零时的林冠蒸发速率较不为零时小很多，认为符合现实情况。加入分支结构处理风速为零的情况，林冠蒸发计算部分的程序代码与解释如下：

```
Public Sub PME_ Click() '"PME"为程序中计算林冠蒸发速率菜单项的名称

Label2. Visible = True
Label2. Caption = "Penman – Monteith 林冠蒸发速率 E（PME，mm/h）："
Text2. Visible = True
Command2. Visible = True
Text2. Text = ""

If k = 0 Then '条件设定：当储存卡曼常数的变量无值录入或为 0 时
k = InputBox("请确定卡曼常数:","卡曼常数确定", 0.41) '用输入框录入卡曼常数
```

End If

If ARou = 0 Then　'条件设定：当储存空气密度的变量无值录入或为 0 时
　ARou = InputBox("请确定空气密度(kg/(m^3)):","空气密度确定"，1.205)'用输入框录入空气密度
End If

If Cp = 0 Then　'条件设定：当储存空气在常压下的比热的变量无值录入或为 0 时
　Cp = InputBox("请确定空气在常压下的比热容(MJ/(kg・℃)):","空气常压下比热容确定"，0.0010048)'用输入框录入空气在常压下的比热容
End If

If Landa = 0 Then　'条件设定：当储存水的汽化潜热的变量无值录入或为 0 时
　Landa = InputBox("请确定水的汽化潜热(MJ/kg):","水的汽化潜热确定"，2.5)'用输入框录入水的汽化潜热
End If

'以下的 ReDim 语句代码运行与文本文件气象数据调入后，即运行前已获取文件长度即行数 I，因此重定义各储存各相关变量的可调数组。
　ReDim E(I)　'重定义储存林冠蒸发速率计算结果的可调数组
　ReDim BHSQYYWDQXDXL(I)　'重定义储存饱和水汽压与温度曲线的斜率的计算结果的可调数组
　ReDim BHSQY(I)　'重定义储存饱和水汽压计算结果的可调数组
　ReDim SJSQY(I)　'重定义储存实际水汽压计算结果的可调数组
　ReDim KQDLXZL(I)　'重定义储存空气动力学阻力计算结果的可调数组
　ReDim GSBCS(I)　'重定义储存干湿表常数计算结果的可调数组

'说明：程序中在专门的菜单项有饱和水汽压与温度曲线的斜率、饱和水汽压、实际水汽压与干湿表常数的单独计算代码，支持单独计算以便于查询计算过程或各气象参数的计算结果，以下计算林冠蒸发速率的过程中直接复制引用了饱和水汽压与温度曲线的斜率、饱和水汽压、实际水汽压与干湿表常数的单独计算代码，并在程序执行过程中用输入框提示录入计算以上各气象参数需要的有关常量(前面列出)，这样就简化了直接计算林冠蒸发速率的计算步骤。

　For j = 1 To I - 1　'一次循环开始，下标范围：由 1 至 I - 1

　If Val(WS(j)) = 0 Then　'计算蒸散速率的分支结构的分支一：如果录入行中风速为 0 时，蒸散速率的算法

BHSQYYWDQXDXL(j) = 25030. 584 * Exp((17. 27 * Val(AT(j))) / (Val(AT(j)) + 237. 3)) / ((273 + Val(AT(j)))^2) * 100　′计算饱和水汽压与温度曲线的斜率
　GSBCS(j) = 0. 665 * 10^(-3) * (Val(AP(j) / 10 * 1000))　′计算干湿表常数

　　E(j) = ((BHSQYYWDQXDXL(j) * (Val(SR(j)) / 1000000)) / (BHSQYYWDQX-DXL(j) + GSBCS(j))) / Landa * 3600 ′计算 Penman – Monteith 蒸散速率 E

　　ElseIf Val(WS(j)) < > 0 Then　′计算蒸散速率的分支结构的分支二：如果录入行中风速不为 0 时，计算蒸散速率的算法

　　BHSQYYWDQXDXL(j) = 25030. 584 * Exp((17. 27 * Val(AT(j))) / (Val(AT(j)) + 237. 3)) / ((273 + Val(AT(j)))^2) * 100　′计算饱和水汽压与温度曲线的斜率
　　BHSQY(j) = 6. 11 * 10^(7. 45 * Val(AT(j)) / (Val(AT(j)) + 237. 3)) * 100　′计算饱和水汽压
　　SJSQY(j) = 6. 11 * 10^(7. 45 * Val(AT(j)) / (Val(AT(j)) + 237. 3)) * 100 * Val(AH(j)) / 100　′计算实际水汽压
　　KQDLXZL(j) = (1 / (k^2 * (Val(WS(j)) * Log(67. 82 * (2 + Val(TH(j)) + Val(AD(j))) – 5. 42) / 4. 87))) * (Log((Val(TH(j)) + 2 – 0. 75 * Val(TH(j))) / (Val(TH(j)) * 0. 1)))^2　′计算空气动力学阻力
　　GSBCS(j) = 0. 665 * 10^(-3) * (Val(AP(j) / 10 * 1000))　′计算干湿表常数

　　E(j) = ((Val(SR(j)) / 1000000 * BHSQYYWDQXDXL(j) + ARou * Cp * (BHSQY(j) – SJSQY(j)) / KQDLXZL(j)) / (BHSQYYWDQXDXL(j) + GSBCS(j))) / Landa * 3600　′计算 Penman – Monteith 林冠蒸发速率

　　End If　′分支结构结束

　　Text2. Text = Text2. Text & "第" & N(j) & "场降雨　　" & E(j) & vbCrLf　′在文本框控件 Text2 中显示 Penman – Monteith 林冠蒸发速率

　　Next j　′一次循环结束

　　End Sub

3.3.3.5　程序中修正 Gash 模型核心部分程序代码

以各场降雨冠层蒸发速率与降雨强度的比值（蒸发降强比）与 1 的大小关系，场降雨量与使林冠达到饱和的降雨量、使树干达到饱和的降雨量的大小关系为前提，根据修正 Gash 模型的分解形式（表 1-2），编写程序求算历场降雨的截留量的各组成部分分量及这些分量的求和（即截留量）、树干茎流量与穿透雨量。

程序编制时遇到当林冠蒸散速率 > 降雨强度情况的问题，当数据中某场降雨林冠蒸发速率 > 降雨强度时，即蒸发雨强比 > 1 时，式（1-28）对数部分无意义，即林冠达到饱和必需的降雨量 P'_c 无法计算。在这种情况时笔者考虑物理情景：当林冠蒸发速率 > 降雨强度时，滴落至冠层的全部降雨马上蒸发散失，因此这种情况的截留散失量 = 降雨量 × 郁闭度，这样就跳过了模型的截留量及其各组成分量的一般计算形式，而由于该情况下冠层滴落的降雨量已全部蒸发，而修正 Gash 模型的建立基于"树干茎流发生在林冠饱和之后"的假设条件（何常清等，2010），这里也用此假设条件，于是可知林冠未饱和时不产生树干茎流，因此将树干茎流量赋 0 值，穿透雨量即按降雨量 - 截留散失量 - 树干茎流量计算可得。本文修正 Gash 模型程序中对于林冠蒸发速率 > 降雨强度的情况按此处理（这种做法可能有待讨论）。

修正 Gash 模型核心部分代码的结构仍然是循环结构结合分支结构，具体如下：
Public Sub RunAndShowInTiers_ Click( )　′"RunAndShowInTiers"为程序中求算历场降雨截留量的各组成部分及求和、树干茎流量与穿透雨量的菜单项的名称。

′此处省略了对有关控件功能的设定语句（与计算无关）。

′以下 8 段提示录入卡曼常数、空气密度、空气在常压下的比热容、水的汽化潜热、林冠郁闭度、林冠持水能力、树干持水能力与树干茎流系数。
If k = 0 Then
k = InputBox("请确定卡曼常数!","卡曼常数确定"，0.41)
End If

If ARou = 0 Then
ARou = InputBox("请确定空气密度(kg/(m^3))!","空气密度确定"，1.205)
End If

If Cp = 0 Then
Cp = InputBox("请确定空气在常压下的比热容(MJ/(kg℃))!","空气常压下比热容确定"，0.0010048)
End If

If Landa = 0 Then
Landa = InputBox("请确定水的汽化潜热(MJ/kg)!","水的汽化潜热确定"，2.45)
End If

If c = 0 Then
c = InputBox("请录入林冠郁闭度!","林冠郁闭度录入"，0.8578)
End If

```
If S = 0 Then
S = InputBox("请录入林冠持水能力 S!","林冠持水能力录入", 2.0923)
End If

If St = 0 Then
St = InputBox("请录入树干持水能力 St!","树干持水能力录入", 0.13)
End If

If Pt = 0 Then
Pt = InputBox("请录入树干茎流系数 Pt!","树干茎流系数", 0.0272)
End If
```

′此处省略了对有关控件功能的设定语句(与计算无关)。

′以下 9 行给在 I - 1 次循环中储存模型各组成部分计算结果的数组 Gsm(I)、TF(I)、Gsn2(I)、Gsn3(I)、Gstq(I)、Gstmnq(I)、GI(I)、SF(I) 与 Gsn1(I)的求和变量 s1、s2、s3、s4、s5、s6、s7、s8、s9 赋初值 0。

```
s1 = 0
s2 = 0
s3 = 0
s4 = 0
s5 = 0
s6 = 0
s7 = 0
s8 = 0
s9 = 0
```

′此处省略了对有关控件功能的设定语句(与计算无关)。

′以下 3 行给出 Sc、Stc 与 Ptc 的算法，S、St 与 Pt 通过输入框录入。

```
Sc = S / c
Stc = St / c
Ptc = Pt / c
```

′以下的 ReDim 语句代码运行与文本文件气象数据调入后，即运行前已获取文件长度即行数 I，因此重定义各储存各相关变量的可调数组。

ReDim E(I) ′重定义储存林冠蒸发速率计算结果的可调数组

ReDim BHSQYYWDQXDXL(I) ′重定义储存饱和水汽压与温度曲线的斜率的计算结果的可调数组

ReDim BHSQY(I) '重定义储存饱和水汽压计算结果的可调数组

ReDim SJSQY(I) '重定义储存实际水汽压计算结果的可调数组

ReDim KQDLXZL(I) '重定义储存空气动力学阻力计算结果的可调数组

ReDim GSBCS(I) '重定义储存干湿表常数计算结果的可调数组

ReDim Pg(I) '重定义储存林冠达到饱和必需的降雨量的可调数组

ReDim Pgt(I) '重定义储存树干达到饱和必需的降雨量的可调数组

ReDim Gsm(I) '重定义储存林冠未达到饱和的 m 次降雨的截留量的可调数组

ReDim Gsn1(I) '重定义储存林冠达到饱和的 n 次降雨的林冠加湿过程的可调数组

ReDim Gsn2(I) '重定义储存降雨停止前饱和林冠的蒸发量的可调数组

ReDim Gsn3(I) '重定义储存降雨停止后的林冠蒸发量的可调数组

ReDim Gstq(I) '重定义储存 q 次树干茎流树干蒸发量的可调数组

ReDim Gstmnq(I) '重定义储存 $m + n - q$ 次树干茎流树干未达到饱和蒸发量的可调数组

ReDim GI(I) '重定义储存模拟总截留量的可调数组

ReDim SF(I) '重定义储存模拟树干茎流量的可调数组

ReDim TF(I) '重定义储存模拟穿透雨量的可调数组

For j = 1 To I – 1 '一次循环开始，下标范围：由 1 至 I – 1

'说明：前已述及，程序中有专门的菜单项支持饱和水汽压与温度曲线的斜率、饱和水汽压、实际水汽压与干湿表常数的单独计算，并有专门的菜单项支持林冠蒸发速率的计算，在以下计算修正 Gash 模型中截留量的各组成部分分量、这些分量的求和（即截留量）、树干茎流量与穿透雨量以及这些量的各场降雨求和值的过程中直接复制引用了前述林冠蒸发速率的计算代码，该代码中含有饱和水汽压与温度曲线的斜率、饱和水汽压、实际水汽压与干湿表常数的计算代码，并在程序执行过程中用输入框提示录入计算以上各气象参数需要的有关常量（前面列出），这样就简化了直接计算修正 Gash 模型中截留量及其各组成部分分量、树干茎流量与穿透雨量以及这些量的各场降雨求和值的计算步骤。

'以下开始计算蒸散速率。

If Val(WS(j)) = 0 Then '计算蒸散速率的分支结构的分支一：如果录入行中风速为 0 时，蒸散速率的算法

BHSQYYWDQXDXL(j) = 25030.584 * Exp((17.27 * Val(AT(j))) / (Val(AT(j)) + 237.3)) / ((273 + Val(AT(j)))^2) * 100 '计算饱和水汽压与温度曲线的斜率 Δ

GSBCS(j) = 0.665 * 10^(-3) * (Val(AP(j) / 10 * 1000)) '干湿表常数

E(j) = ((BHSQYYWDQXDXL(j) * (Val(SR(j) / 1000000))) / (BHSQYYWDQX-DXL(j) + GSBCS(j))) / Landa * 3600 'Penman – Monteith '蒸散速率

ElseIf Val(WS(j)) <> 0 Then '计算蒸散速率的分支结构的分支二:如果录入行中风速不为 0 时,蒸散速率的算法

BHSQYYWDQXDXL(j) = 25030.584 * Exp((17.27 * Val(AT(j))) / (Val(AT(j)) + 237.3)) / ((273 + Val(AT(j))) ^ 2) * 100 '饱和水汽压与温度曲线的斜率 Δ

BHSQY(j) = 6.11 * 10 ^ (7.45 * Val(AT(j)) / (Val(AT(j)) + 237.3)) * 100 '饱和水汽压

SJSQY(j) = 6.11 * 10 ^ (7.45 * Val(AT(j)) / (Val(AT(j)) + 237.3)) * 100 * Val(AH(j)) / 100 '实际水汽压

KQDLXZL(j) = (1 / (k ^ 2 * (Val(WS(j)) * Log(67.82 * (2 + Val(TH(j)) + Val(AD(j))) - 5.42) / 4.87))) * (Log((Val(TH(j)) + 2 - 0.75 * Val(TH(j))) / (Val(TH(j)) * 0.1))) ^ 2 '空气动力学阻力

GSBCS(j) = 0.665 * 10 ^ (-3) * (Val(AP(j) / 10 * 1000)) '干湿表常数

E(j) = ((Val(SR(j)) / 1000000 * BHSQYYWDQXDXL(j) + ARou * Cp * (BHSQY(j) - SJSQY(j)) / KQDLXZL(j)) / (BHSQYYWDQXDXL(j) + GSBCS(j))) / Landa * 3600 'Penman - Monteith 林冠蒸发速率

End If '分支结构结束

'以下开始计算冠层、树干的降雨量临界值。
If E(j) / Val(RI(j)) > 1 Or E(j) / Val(RI(j)) = 1 Then '计算临界值的分支结构的分支一:当林冠蒸发速率 > 降雨强度时,即蒸发雨强比 > 1 时将临界值赋 0 值,表示无意义。

Pg(j) = 0 '林冠达到饱和所需的降雨量
Pgt(j) = 0 '树干达到饱和所需的降雨量
MsgBox "由于冠层蒸发速率 > 降雨强度,第" & Format(N(j), 0) & "场降雨的"林冠达到饱和所需的降雨量"与"树干达到饱和所需的降雨量"无意义,系统将这种情况的截留散失量按降雨量与郁闭度的乘积计算。",,"系统提示" '遇到林冠蒸发速率 > 降雨强度情况进行提示说明

ElseIf E(j) / Val(RI(j)) < 1 Then '计算临界值的分支结构的分支二:当林冠蒸发速率 < 降雨强度时,即蒸发雨强比 < 1 时将临界值按已有公式计算。

Pg(j) = -(Val(RI(j)) / E(j)) * Sc * Log(1 - (E(j) / Val(RI(j)))) '计算林冠达到饱和所需的降雨量
Pgt(j) = (Val(RI(j)) / (Val(RI(j)) - Val(E(j)))) * (Stc / Ptc) + Pg(j) '计算树干达到饱和所需的降雨量

End If　'分支结构结束

'以下开始计算修正 Gash 模型中各变量。

If E(j) / Val(RI(j)) > 1 Or E(j) / Val(RI(j)) = 1 Then　'计算修正 Gash 模型中各变量的分支结构的分支一：当林冠蒸发速率＞降雨强度时，即蒸发雨强比＞1 时，直接将截留散失量按降雨量×郁闭度赋值，树干茎流量赋 0 值，穿透雨量即为降雨量－截留散失量－树干茎流量。

　　　　GI(j) = c * R(j)　'计算模拟截留量
　　　　SF(j) = 0　'计算模拟干流量
　　　　TF(j) = R(j) – GI(j) – SF(j)　'计算模拟穿透雨量

ElseIf E(j) / Val(RI(j)) < 1 Then　'计算修正 Gash 模型中各变量的分支结构的分支二：当林冠蒸发速率＜降雨强度时，即蒸发雨强比＜1 时，将截留散失量按已有公式计算。

If R(j) < Pg(j) And R(j) < Pgt(j) Then　'"分支二"中的次级分支结构一：降雨量值小于"林冠达到饱和所需的降雨量"与"树干达到饱和所需的降雨量"情况的计算。

　　　　Gsm(j) = c * R(j)　'计算林冠未达到饱和的 m 次降雨的截留量
　　　　Gsn1(j) = 0　'计算林冠达到饱和的 n 次降雨的林冠加湿过程
　　　　Gsn2(j) = 0　'计算降雨停止前饱和林冠的蒸发量
　　　　Gsn3(j) = 0　'计算降雨停止后的林冠蒸发量
　　　　Gstq(j) = 0　'计算 q 次树干茎流树干蒸发量
　　　　Gstmnq(j) = c * Ptc * (1 – (E(j) / Val(RI(j)))) * (Val(R(j)) – Pg(j))
　　　　'计算 m + n – q 次树干茎流树干未达到饱和蒸发量
　　　　GI(j) = Gsm(j) + Gsn1(j) + Gsn2(j) + Gsn3(j) + Gstq(j) + Gstmnq(j)　'计算模拟截留量
　　　　SF(j) = 0　'计算模拟树干茎流量
　　　　TF(j) = R(j) – GI(j) – SF(j)　'计算模拟穿透雨量

ElseIf R(j) > = Pg(j) And R(j) < Pgt(j) Then　'"分支二"中的次级分支结构二：降雨量值大于或等于"林冠达到饱和所需的降雨量"且小于"树干达到饱和所需的降雨量"之间的计算。

　　　　Gsm(j) = 0　'计算林冠未达到饱和的 m 次降雨的截留量
　　　　Gsn1(j) = c * Pg(j) – S　'计算林冠达到饱和的 n 次降雨的林冠加湿过程
　　　　Gsn2(j) = (c * E(j) / Val(RI(j))) * (Val(R(j)) – Pg(j))　'计算降雨停止前饱和林冠的蒸发量

Gsn3(j) = S　'计算降雨停止后的林冠蒸发量

Gstq(j) = 0　'计算 q 次树干茎流树干蒸发量

Gstmnq(j) = c * Ptc * (1 - (E(j) / Val(RI(j)))) * (Val(R(j)) - Pg(j))

'计算 m + n - q 次树干茎流树干未达到饱和蒸发量

GI(j) = Gsm(j) + Gsn1(j) + Gsn2(j) + Gsn3(j) + Gstq(j) + Gstmnq(j)　'

计算模拟截留量

SF(j) = 0　'计算模拟树干茎流量

TF(j) = R(j) - GI(j) - SF(j)　'计算模拟穿透雨量

ElseIf R(j) > = Pg(j) And R(j) > = Pgt(j) Then　'"分支二"中的次级分支结构三：
降雨量值大于或等于"林冠达到饱和所需的降雨量"与"树干达到饱和所需的降雨量"

Gsm(j) = 0　'计算林冠未达到饱和的 m 次降雨的截留量

Gsn1(j) = c * Pg(j) - S　'计算林冠达到饱和的 n 次降雨的林冠加湿过程

Gsn2(j) = (c * E(j) / Val(RI(j))) * (Val(R(j)) - Pg(j))　'计算降雨停
止前饱和林冠的蒸发量

Gsn3(j) = S　'计算降雨停止后的林冠蒸发量

Gstq(j) = c * Stc　'计算 q 次树干茎流树干蒸发量

Gstmnq(j) = 0　'计算 m + n - q 次树干茎流树干未达到饱和蒸发量

GI(j) = Gsm(j) + Gsn1(j) + Gsn2(j) + Gsn3(j) + Gstq(j) + Gstmnq(j)　'
计算模拟截留量

SF(j) = c * Ptc * ((1 - (E(j) / Val(RI(j)))) * (Val(R(j)) - Pg(j))) -
c * Stc　'计算模拟树干茎流量

TF(j) = R(j) - GI(j) - SF(j)　'计算模拟穿透雨量

End If　'次级分支结构结束

End If　'分支结构结束

'以下 9 行统计修正 Gash 模型中各变量值的和：

s1 = s1 + Gsm(j)

s2 = s2 + Gsn1(j)

s3 = s3 + Gsn2(j)

s4 = s4 + Gsn3(j)

s5 = s5 + Gstq(j)

s6 = s6 + Gstmnq(j)

s7 = s7 + GI(j)

s8 = s8 + SF(j)

```
s9 = s9 + TF(j)
```

'以下 12 行将计算值显示在设定的文本框控件中：

```
Text4. Text  = Text4. Text & N(j) & vbCrLf
Text5. Text  = Text5. Text & Pg(j) & vbCrLf
Text6. Text  = Text6. Text & Pgt(j) & vbCrLf
Text7. Text  = Text7. Text & Gsm(j) & vbCrLf
Text8. Text  = Text8. Text & Gsn1(j) & vbCrLf
Text9. Text  = Text9. Text & Gsn2(j) & vbCrLf
Text10. Text  = Text10. Text & Gsn3(j) & vbCrLf
Text11. Text  = Text11. Text & Gstq(j) & vbCrLf
Text12. Text  = Text12. Text & Gstmnq(j) & vbCrLf
Text13. Text  = Text13. Text & GI(j) & vbCrLf
Text14. Text  = Text14. Text & SF(j) & vbCrLf
Text15. Text  = Text15. Text & TF(j) & vbCrLf
```

Next j   '一次循环结束

'以下 9 行将求和值显示在设定的文本框控件中：

```
Text16. Text  = s1
Text17. Text  = s2
Text18. Text  = s3
Text19. Text  = s4
Text20. Text  = s5
Text21. Text  = s6
Text22. Text  = s7
Text23. Text  = s8
Text24. Text  = s9
```

Label19. Caption = I - 1 '在程序主界面左下角的标签控件中显示该过程进行后数组内数据实际循环调用数目。

'此处省略了部分与程序其他功能设置有关的代码

End Sub

3.3.3.6 变参数动态模拟分析的实现——对成图坐标系锁定功能的设计

当通过前述程序将计算各场降雨的截留量、树干茎流量及穿透雨量后的模拟值储存至可调数组后，再用 3.3.2.2 中的方法导入实测截留量、树干茎流量及穿透雨量数据至可调数组。再使用与前文计算过程对应的循环语句结合 VB 语言中的绘图方法将储存模拟值的可调数组中的截留量、树干茎流量及穿透雨量模拟值与储存实测值的可调数组中的截留量、树干茎流量及穿透雨量实测值进行绘图与输出保存。

具体程序编写过程中，用 Picture 控件作拟合图（Picture 控件的 Autoredraw 属性设置为 Ture），编写程序代码在 Picture 控件上用 Scale 语句定义坐标系。编写程序代码从模拟值与实测值中查找最小值与最大值确定拟合图的纵坐标取值的基本范围，具体取值时考虑留图边距，范围是从"最小值 – 图边距"到"最大值 + 图边距"。具体操作中，将模拟值的最小值定义双精度型变量 Min1 储存，将实测值的最小值定义双精度型变量 Min2 储存，将模拟值的最小值与实测值的最小值中的最小值定义双精度型变量 Min 储存；将模拟值的最大值定义变量双精度型 Max1 储存，将实测值的最大值定义双精度型变量 Max2 储存，将模拟值的最大值与实测值的最大值中的最大值定义双精度型变量 Max 储存。这样，一次运行后，变量 Min 与 Max 储存的数值分别减、加图边距即为生成拟合图所需的纵坐标范围。横坐标与降雨的场次数一致，具体取值时考虑留图边距，范围是从"0 – 图边距"到"降雨的场次数 + 图边距"。编写程序作横、纵坐标轴并画刻度线，标刻度值及打印横、纵坐标轴标题。以各次降雨的模拟值与实测值为纵坐标，以它们对应观测降雨场次数为横坐标在 Picture 控件的定义范围内用 Circle 语句画点（设置不同的背景模式以区分模拟值与实测值），并用 Line 语句做线段连接。最后编写代码显示图例。

在决定修正 Gash 模型模拟结果的关键参数中，气象参数中的林冠蒸发速率与降雨强度是通过气象资料计算得到的，随降雨的场次不同而变化，随时间不断变化，可视为时间的函数，它们也决定着林冠达到饱和所需雨量 P'_c 与树干达到饱和所需雨量 P''_c；而冠层参数中的郁闭度 c、林冠持水能力 S、树干持水能力 S_t 与树干茎流系数 P_t 与林分条件有关，且因定义、测定方法的不同而有差异，这种差异性会对拟合效果有影响，比如用通过某种方法测得的林冠持水能力录入模型得到一组截留量、树干茎流量及穿透雨量，而用通过另一种方法测得的林冠持水能力录入模型又得到一组截留量、树干茎流量及穿透雨量，这两组模拟结果就有差异性，这是模型动态模拟时林冠参数不同于随时间不断变化的气象参数的地方，本文中设计程序的预期目标之一不仅在于生成某一套冠层参数决定的截留量、树干茎流量及穿透雨量动态模拟结果及与实测值的动态拟合效果图，而且生成林冠参数改变时截留量、树干茎流量及穿透雨量动态模拟曲线的变化及与实测值的动态拟合效果图，通过这种变化前后截留量、树干茎流量及穿透雨量动态模拟曲线的改变可以看出冠层参数变化对动态模拟效果的影响程度，有利于更方便地分析模型本身的数学特性及参数对模型模拟效果的影响，为称谓方便可称其为"变参数的动态模拟分析"。当然，由于模型程序对截留量、树干茎流量及穿透雨量的模拟计算需要林冠蒸发有关的气象学及空气动力学相关常数的录入，因此这种"变参数的动态模拟分析"中的"参数"也可以适用于参与模型计算的气象学及空气动力学有关常数，包括卡曼常数、空气密度、水的汽化潜热及空气在常压下的比热容，这些常数的取值虽然比较稳定，但有些有细微的变化，有些随气温条件的不同而有变化，这样，通过"变参数的动态模拟分析"可以观察这些变化。

具体在 VB 编程方面，当用某一套参数得到一个拟合结果，即生成一幅拟合图后，对该图不（用 Cls 语句）做清除处理，而在更换某个需要观察其对模型的影响的参数再录入模型程序再运行，即生成新的拟合图，新图会与原图重叠，两次运行生成的拟合图的模拟值会自然地区分开，使我们观察到更换的参数值的改变对模拟情况的影响。但是这样做会遇到的问题是：更换参数后，模拟值均会改变，模拟值的范围也随之改变，这样坐标系即重新定义，由于 Picture 控件的大小是一定的，因此造成两次成图的"不对齐"现象，即两次成图的横坐标轴不重合的现象，这种现象当参数改变对模拟值影响较小时看不出来，当影响较大时会比较明显。

为解决成图"不对齐"问题，笔者进行了"成图坐标系锁定与非锁定状态"的编程设计。先定义整型逻辑型变量"LockingValue"，使其可取 2 个值：1 与 0。设定：当 LockingValue =1 时使成图坐标系进入"坐标系锁定状态"；当 LockingValue =0 时使成图坐标系进入"坐标系非锁定状态"。再新定义 2 个双精度型变量：MinLock 与 MaxLock 用于传递变量 Min 与 Max 中储存的最小值于最大值。然后编写代码加在循环语句中的特定位置，并称之为"坐标系锁定前关"、"坐标系锁定中关"与"坐标系锁定后关"。具体地，反映这 3"关"与生成模拟值与实测值中最小值与最大值、绘图程序在一次作图过程中（如生成截留量拟合图的菜单事件）的先后顺序的简明程序代码如下：

```
'一次成图过程开始

Locking. Enabled  =  True

'生成模拟值与实测值中最小值与最大值并将它们分别赋给 Min 与 Max 的代码

' A

'以下 4 行代码为"坐标系锁定前关"：
If LockingValue  = 0 Then
MinLock  =  Min
MaxLock  =  Max
End If   '如果处于坐标系非锁定状态下（默认的）就把前面筛选出的最大值"Max"与最小值"Min"分别传递给"MaxLock"与"MinLock"

'以下 2 行代码为"坐标系锁定中关"：
Min  =  MinLock   '无论是否处于锁定状态都把"MinLock"再传递给"Min"以作后面成图使用
Max  =  MaxLock   '无论是否处于锁定状态都把"MaxLock"再传递给"Max"以作后面成图使用

'作图代码

'以下 2 行代码为"坐标系锁定后关"：
If LockingValue  = 1 Then
```

MinLock ＝ Min

MaxLock ＝ Max

End If ′如果处于坐标系锁定状态下就把刚使用完的最大值与最小值传递给"Max-Lock"与"MinLock"

′一次成图过程结束

对成图坐标系锁定与非锁定状态设定的编程设计原理解释如下：

鉴于对"坐标系锁定前关"的作用与否，坐标系锁定状态的作用是从以上代码的"A"点开始的。

当通过设置 LockingValue 变量的值为 1，令坐标系处于锁定状态的情况下，第 n 次成图过程开始后即产生模拟值与实测值中的最小值与最大值（简称"最小值与最大值"）并将它们分别赋给 Min 与 Max。随后执行至"坐标系锁定前关"不起作用，执行过程跳过"坐标系锁定前关"，以从"坐标系锁定中关"的 MinLock 与 MaxLock 两个变量中储存，又传递给 Min 与 Max 的最小值与最大值为依据生成图形，执行至"坐标系锁定后关"时"坐标系锁定后关"起作用，Min 与 Max 中的最小值与最大值被分别传递给 MinLock 与 MaxLock 储存。以后再执行第 $n+1$ 次成图过程时，由于在作图代码前端有"坐标系锁定中关"限定无论是否将成图坐标系设为锁定状态都把 MinLock 与 MaxLock 两个变量中储存的值传递给 Min 与 Max 供绘图使用，因此，第 $n+1$ 次成图过程使用的最小值与最大值的确定根据是来自第 n 次存入 MinLock 与 MaxLock 中的值。以后每次再执行成图过程时，由于"坐标系锁定前关"不起作用，即每次新生成的最小值与最大值不能传给 MinLock 与 MaxLock，于是总是把 MinLock 与 MaxLock 两个变量中储存的值传递给 Min 与 Max，而 MinLock 与 MaxLock 里存储的总是固定的第 n 次循环进行过程中获得的最小值与最大值。这样就实现了坐标系纵坐标的固定。

可以发现，如果在执行一次成图过程前就将图坐标系设为锁定状态，随后执行产生最小值与最大值分别存入 Min 与 Max 的过程，但随后执行至"坐标系锁定前关"时它不起作用，Min 与 Max 的值无法传给 MinLock 与 MaxLock，这样 MinLock 与 MaxLock 两个变量中如果无值传入，即将默认值 0 传入 Min 与 Max，随后会生成纵坐标轴的范围很小而无法显示绝大多数值点的现象［具体地，比如，程序中定义坐标系垂直上限为 Int(Max) ＋ 3，设定纵轴上限为 Int(Max) ＋ 2——即留出了垂直宽度为 1 的空白带。这样 MaxLock 为 0 时，坐标系垂直上限为 2，纵轴上限为 1，模拟值遇实测值中凡大于 2 的值均不会在图中显示］。因此，笔者将设定 LockingValue ＝1 的菜单项设为不可用（即将该菜单项的 Enabled 属性值设为 False），而在成图过程语句前（还未进入循环时）加入语句"Locking. Enabled ＝ True"即设定 LockingValue ＝1 的菜单项为可用状态，这样就使程序使用者在运行程序后未进行成图操作前不能将坐标系设为锁定状态，即保证了使程序使用者只有当执行了一次成图过程后才能获得有效的纵坐标(不为 0 的)最小值与最大值，进而才能将成图坐标系设为锁定状态，使纵坐标范围固定，再进而执行锁定成图坐标系状态下的成图过程。

当通过设置 LockingValue 变量的值为 0，令坐标系处于非锁定状态的情况下，第 n 次成图过程开始后仍产生最小值与最大值并将它们分别赋给 Min 与 Max 存储。随后执行至"坐标系锁定前关"时其起作用，Min 与 Max 中分别存储的第 n 次成图过程开始时产生的最小值与最大值分别被传递给 MinLock 与 MaxLock 储存。随后执行至"坐标系锁定中关"，MinLock 与 MaxLock 中储存的第 n 次成图过程开始时产生的最小值与最大值被分别传递给 Min 与 Max 用于生成图形，随后执行至"坐标系锁定后关"时其不起作用，第 n 次成图过程开始时产生的最小值与最大值不再被传递给 MinLock 与 MaxLock。这样，以后再执行第 $n+1$ 次成图过程时，第 $n+1$ 次成图过程开始后新产生最小值与最大值总能顺利地传递直至它们被用于生成图形。这样，由于每执行新的成图过程时新的最小值与最大值总与前一次不一样，产生的成图坐标系就总与前一次不一样，即保留了成图坐标系非锁定状态的功能。

以下为模型程序中一次成图过程的详细代码——以截留量的拟合作图程序代码为例列举（其中求最小值与最大值的代码段参考了百度网络，经调试后使用）。
Public Sub IChart_ Click( ) ′IChart 为生成截留量拟合图的菜单项

′此处省略了控件功能设置的程序代码，如显示作图的窗体与图片框的代码等。

Locking. Enabled = True ′设定图形坐标系锁定菜单为可用

a = 1 ′将储存排序循环下标的变量的初值设为 1

Min1 = GI(1) ′把储存截留量模拟值的数组中第一个值赋给 Min1
Max1 = GI(1) ′把储存截留量模拟值的数组中第一个值赋给 Max1
For a = 1 To I－1 Step 1′指定排序循环的下标范围：由 1 至 I－1（与前面程序代码一致）
If Min1 > GI(a) Then Min1 = GI(a) ′从储存截留量模拟值的数组中选择最小值赋给 Min1
If Max1 < GI(a) Then Max1 = GI(a) ′从储存截留量模拟值的数组中选择最大值赋给 Max1
Next a

Min2 = Im(1) ′把储存截留量实测值的数组中第一个值赋给 Min1
Max2 = Im(1) ′把储存截留量实测值的数组中第一个值赋给 Max1
For a = 1 To I － 1 Step 1 ′指定排序循环的下标范围：由 1 至 I － 1
If Min2 > Im(a) Then Min2 = Im(a) ′从储存截留量实测值的数组中选择最小值赋给 Min1
If Max2 < Im(a) Then Max2 = Im(a) ′从储存截留量实测值的数组中选择最大值赋给 Max1
Next a

'以上代码参考百度网络，调试可用。

If Min1 < Min2 Or Min1 = Min2 Then Min = Min1

If Min1 > Min2 Then Min = Min2　'从截留量模拟值的最小值与观测值的最小值中选取最小值以作为模拟图纵坐标的下限

If Max1 > Max2 Or Max1 = Max2 Then Max = Max1

If Max1 < Max2 Then Max = Max2　'从截留量模拟值的最大值与观测值的最大值中选取最大值以作为模拟图纵坐标的上限

'以下 9 行检查变量 Min、Max、MinLock 与 MaxLock 的值用，非主体部分：

Text1. Text = Text1. Text & vbCrLf & "Min:" & vbCrLf

Text1. Text = Text1. Text & vbCrLf & Min & vbCrLf

Text1. Text = Text1. Text & vbCrLf & "Max:" & vbCrLf

Text1. Text = Text1. Text & vbCrLf & Max & vbCrLf

Text1. Text = Text1. Text & vbCrLf & "MinLock:" & vbCrLf

Text1. Text = Text1. Text & vbCrLf & MinLock & vbCrLf

Text1. Text = Text1. Text & vbCrLf & "MaxLock:" & vbCrLf

Text1. Text = Text1. Text & vbCrLf & MaxLock & vbCrLf

Text1. Text = Text1. Text & vbCrLf & "——坐标系锁定前关——" & vbCrLf

'此下坐标系锁定前关——

If LockingValue = 0 Then

MinLock = Min

MaxLock = Max

End If　'如果处于坐标系非锁定状态下（默认的）就把前面筛选出的最大值"Max"与最小值"Min"分别传递给"MaxLock"与"MinLock"

'此上坐标系锁定前关——

'此下坐标系锁定中关——

Min = MinLock　'无论是否处于锁定状态都要把"MinLock"再传递给"Min"以作后面成图使用

Max = MaxLock　'无论是否处于锁定状态都要把"MaxLock"再传递给"Max"以作后面成图使用

'此上坐标系锁定中关——

'以下 9 行检查变量 Min、Max、MinLock 与 MaxLock 的值用，非主体部分：

Text1. Text = Text1. Text & vbCrLf & "Min:" & vbCrLf

Text1. Text = Text1. Text & vbCrLf & Min & vbCrLf

Text1. Text = Text1. Text & vbCrLf & "Max:" & vbCrLf

Text1. Text = Text1. Text & vbCrLf & Max & vbCrLf

Text1. Text = Text1. Text & vbCrLf & "MinLock:" & vbCrLf

Text1. Text = Text1. Text & vbCrLf & MinLock & vbCrLf

Text1. Text = Text1. Text & vbCrLf & "MaxLock:" & vbCrLf

Text1. Text = Text1. Text & vbCrLf & MaxLock & vbCrLf

′以下进入作图语句:

b = 1　′将储存排序循环下标的变量的初值设为1

Form3. Picture1. Scale(−3, Int(Max) + 3) −(I + 1, Int(Min) − 2)　′定义坐标系

Form3. Picture1. Line(−1, 0) −(I + 1, 0)　′画横坐标轴

For b = 1 To I − 1

Form3. Picture1. Line(b, 0) −(b, (Max − Min) ╱ 60)　′画横坐标轴刻度线

Form3. Picture1. PSet(b − (I + 2) ╱ 35, (Max − Min) ╱ 60 − (Max − Min) ╱ 30),
RGB(255, 255, 255)　′移动横坐标轴刻度至打印的起始点

Form3. Picture1. Print Int(N(b))　′打印横坐标轴刻度值

Next b

Form3. Picture1. Line(0, Int(Min) − 1) −(0, Int(Max) + 2)　′画纵坐标轴

For b = Int(Min) To Int(Max) + 1

Form3. Picture1. Line(0, b) −((I + 2) ╱ 60, b)　′画纵坐标轴刻度线

Form3. Picture1. PSet(−(I + 2) ╱ 17, b + (Max − Min) ╱ 60), RGB(255, 255, 255)
′移动纵坐标轴刻度值打印的起始点

Form3. Picture1. Print b　′打印纵坐标轴刻度值

Next b

For b = 1 To I − 1　′指定循环的下标范围:由1至I − 1

Form3. Picture1. FillStyle = 1　′设置散点为透明

Form3. Picture1. Circle(b, GI(b)), I ╱ 100　′标记截留量模拟值位置

Next b

For b = 1 To I − 2　′指定循环的下标范围:由1至I − 2,因为连线的数目较值点数少1

Form3. Picture1. Line(b, GI(b)) −(b + 1, GI(b + 1))　′截留量模拟值间点连线

Next b

For b = 1 To I − 1　′指定循环的下标范围:由1至I − 1

Form3. Picture1. FillStyle = 0　′设置散点为实心

Form3. Picture1. Circle(b, Im(b)), I / 130　'标记截留量实测值位置
Next b
For b = 1 To I−2　'指定循环的下标范围：由 1 至 I−2，因为连线的数目较值点数少 1
Form3. Picture1. Line(b, Im(b)) − (b + 1, Im(b + 1))　'截留量实测值间点连线
Next b

'打印图中各种标识：
'画图例：
Form3. Picture1. PSet((I / 2), Max + 1), RGB(255, 255, 255)　'把作图的起始位置移至指定点
Form3. Picture1. FillStyle = 1　'设置散点为透明
Form3. Picture1. Circle((I ∗ 1 / 3), Max + 1), I / 130　'把作图的起始位置移至指定点
Form3. Picture1. Print "模拟值"　'画图例中模拟值点图形
Form3. Picture1. FillStyle = 0　'设置散点为实心
Form3. Picture1. Circle((I / 2), Max + 1), I / 130　'把作图的起始位置移至指定点
Form3. Picture1. Print "实测值"　'画图例中实测值点图形

'打印横轴标题：
Form3. Picture1. PSet((I ∗ 1 / 3), Min − 1.2), RGB(255, 255, 255)　'作图细节调整：移动作图的起始位置
Form3. Picture1. Print "降雨场次"

'打印纵轴标题：
Form3. Picture1. PSet(−3, Max ∗ 15 / 24), RGB(255, 255, 255)　'作图细节调整：移动作图的起始位置
Form3. Picture1. Print "截" & vbCrLf
Form3. Picture1. PSet(−3, Max ∗ 13.667 / 24), RGB(255, 255, 255)　'作图细节调整：移动作图的起始位置
Form3. Picture1. Print "留" & vbCrLf
Form3. Picture1. PSet(−3, Max ∗ 12.333 / 24), RGB(255, 255, 255)　'作图细节调整：移动作图的起始位置
Form3. Picture1. Print "量" & vbCrLf
Form3. Picture1. PSet(−3, Max ∗ 11 / 24), RGB(255, 255, 255)　'作图细节调整：移动作图的起始位置
Form3. Picture1. Print " /mm" & vbCrLf

'此下坐标系锁定后关——
If LockingValue = 1 Then
MinLock = Min

```
        MaxLock = Max
    End If  '如果处于坐标系锁定状态下就把刚使用完的最大值与最小值传递给"MaxLock"
与"MinLock"
    '此上坐标系锁定后关——

    '以下 9 行检查变量 Min、Max、MinLock 与 MaxLock 的值用，非主体部分：
    Text1. Text = Text1. Text & vbCrLf & "——坐标系锁定后关——" & vbCrLf
    Text1. Text = Text1. Text & vbCrLf & "Min：" & vbCrLf
    Text1. Text = Text1. Text & vbCrLf & Min & vbCrLf
    Text1. Text = Text1. Text & vbCrLf & "Max：" & vbCrLf
    Text1. Text = Text1. Text & vbCrLf & Max & vbCrLf
    Text1. Text = Text1. Text & vbCrLf & "MinLock：" & vbCrLf
    Text1. Text = Text1. Text & vbCrLf & MinLock & vbCrLf
    Text1. Text = Text1. Text & vbCrLf & "MaxLock：" & vbCrLf
    Text1. Text = Text1. Text & vbCrLf & MaxLock & vbCrLf

    Label19. Caption = I - 1  '最后在左下角标签控件中显示拟合过程使用的录入气象数
据行数——同前，仍为 I - 1
    Label20. Caption = II - 1  '最后在左下角标签控件中显示拟合过程使用的录入气象
数据行数——同前，仍为 II - 1

End Sub
```

3.3.3.7 模型参数对截留量影响的敏感度分析的实现

(1)敏感度分析的编程计算

一般地，修正 Gash 模型中需要做敏感度分析的参数包括：林冠郁闭度 c、林冠持水能力 S、树干持水能力 S_t、树干茎流系数 P_t、林冠蒸发速率 E 及降雨强度 R，一般分析当参数变化 $-50\% \sim 50\%$ 时，截留量的变化率浮动情况。本文中设计的修正 Gash 模型程序中，对于冠层参数(林冠郁闭度 c、林冠持水能力 S、树干持水能力 S_t、树干茎流系数 P_t)，以录入的参数值为中心，求算当参数的变化率变化录入参数值的 $-50\% \sim 50\%$ 时，对应截留量的变化率的取值，并生成敏感度分析图；对于气象参数(林冠蒸发速率 E 及降雨强度 R)，以通过录入的各场降雨的环境变量求算的林冠蒸发速率 E 及降雨强度 R 的均值为中心，求算当参数的变化率变化各场降雨平均参数值的 $-50\% \sim 50\%$ 时，对应截留量的变化率的取值，并生成敏感度分析图。

在编制程序计算当参数改变其录入值或平均值的 $-50\% \sim 50\%$ 对应截留量的变化率的过程中，需要设定参数在其录入值或平均值的 $-50\% \sim 50\%$ 的变化范围的变化间隔(即分析精度)，根据变化间隔得到参数的具体备做敏感度分析的值。比如，如果将分析林冠持水能力 S 对截留量影响的 S 变化的间隔设定为 10%，则需计算 $S \times (1-50\%)$、$S \times (1-40\%)$、$S \times (1-30\%)$、$S \times (1-20\%)$、$S \times (1-10\%)$、S、$S \times (1+10\%)$、$S \times (1+$

20%）、$S \times (1+30\%)$、$S \times (1+40\%)$ 与 $S \times (1+50\%)$ 这 11 个 S 的变化值，如果间隔设定为 5% 则需计算 21 个 S 的变化值等。当确定这些参数的变化值后再将这些参数变化值依次用前文 3.3.2.5 中 Gash 模型核心部分程序计算得到参数的变化值对应的截留量值，最后对应计算求得的截留量值相对于由参数变化 0% 即不变时求算的截留量值的变化率。

为实现上述功能，编程时先定义变量 SensitivityStep（双精度型）储存参数在其录入值或平均值的 $-50\% \sim 50\%$ 的变化范围的变化间隔——即分析精度，分析精度由输入框录入；定义整型变量数列循环数序 h 储存经 SensitivityStep 确定分析精度后做参数敏感度分析计算须执行的循环的下标值；定义双精度型变量 SensitivityMarkingValue 储存由 SensitivityStep 与 h 计算得到的参数变化率，称为实际分位循环值，对参数变化率按百分位值表示，于是将 SensitivityMarkingValue 取值的范围限定在 $-50 \sim 50$。这样得到 SensitivityMarkingValue 与 SensitivityStep、h 的关系如式（3-8）所示：

$$\text{SensitivityMarkingValue} = (h - 50 / \text{SensitivityStep}) \times \text{SensitivityStep} \tag{3-8}$$

具体例如，当 SensitivityStep = 10 即使参数变化率间隔 10% 时，使 SensitivityMarkingValue 取值的范围在 $-50 \sim 50$ 的 h 的范围为区间 $[0, 10]$ 的整数，循环时各变量的取值情况如表 3-6 所示。

表 3-6　敏感度分析中 SensitivityStep = 10 时 SensitivityMarkingValue 与 h 的取值

Table 3-6　The value of "SensitivityMarkingValue" and "h" when "SensitivityStep" = 10 in the process of sensitivity analysis

h	SensitivityStep	SensitivityMarkingValue
0	10	−50
1	10	−40
2	10	−30
3	10	−20
4	10	−10
5	10	0
6	10	10
7	10	20
8	10	30
9	10	40
10	10	50

当 SensitivityStep = 5 即令参数变化率间隔 5% 时，使 SensitivityMarkingValue 取值的范围在 $-50 \sim 50$ 的 h 的范围为区间 $[0, 20]$ 的整数，循环时各变量的取值情况如表 3-7 所示。依此类推。

表 3-7　敏感度分析中 SensitivityStep = 5 时 SensitivityMarkingValue 与 h 的取值

Table 3-7　The value of "SensitivityMarkingValue" and "h" when "SensitivityStep = 5" in the process of sensitivity analysis

h	SensitivityStep	SensitivityMarkingValue
0	5	−50
1	5	−45
2	5	−40
3	5	−35

（续）

h	SensitivityStep	SensitivityMarkingValue
4	5	-30
5	5	-25
6	5	-20
7	5	-15
8	5	-10
9	5	-5
10	5	0
11	5	5
12	5	10
13	5	15
14	5	20
15	5	25
16	5	30
17	5	35
18	5	40
19	5	45
20	5	50

随后需要确定循环的次数，这里需要先指定以 SensitivityStep = 10 时的情况为基础来分析，当 SensitivityStep = 10 时参数的变化值为 11 个（表 3-6），循环计算 11 次，即在分析图上绘制 11 个点，如果点数再少则分析效果不理想，于是将 11 定为做敏感度分析的基本个数，笔者称其为"基本分位循环数"，并定义整型变量（或常量）Nh 来存储。定义长整型变量 Ns 储存通过给 SensitivityStep 赋值得到的程序循环次数，称其为"实际循环数"，则有，Ns 与 SensitivityStep、Nh 的关系如式（3-9）所示：

$$Ns = (Nh - 1) / SensitivityStep \times 10 \qquad (3-9)$$

实际循环数 Ns 即是一次循环过程中数列循环数序 h 的个数，如 SensitivityStep = 10 时 Ns = 11（表 3-6 中各值的行数为 11），SensitivityStep = 5 时 Ns = 21（表 3-7 中各值的行数为 21）

为使生成的分析图的敏感度分析曲线上各点的疏密程度同于或密于 SensitivityStep = 10 时的情况，SensitivityStep 可取小于或等于 10 的值——取大于 10 的值如 SensitivityStep = 20 时就只能绘 6 个点，宜取除 10 后得整数的值，理想的取值如 5、2.5、2、1.25 或 1，如果需要更密的话，取 0.5、0.2、0.1 也可以，但该值越小，循环越多，计算机计算的次数就越多、负担越大，值点密到一定程度会表现为在分析图中连成直线，与具体程序设定情况有关。

完成以上设定后，为得到计算截留量变化率所依据的中心截留量值，即参数变化为 0 时对应的截留量值，还须通过程序设置"告知"计算机一次循环至中间时，即参数变化为 0 时的数列循环数序 h，编程中将参数 7 变化为 0 时的数列循环数序 h 定义整型变量 NMiddle 储存，且有式（3-10）：

$$NMiddle = Ns / 2 \qquad (3-10)$$

进行以上准备工作后，编写以 h 为循环下标，循环 Ns 次的循环语句，将前文 3.3.2.5 中 Gash 模型核心部分程序嵌入循环语句中，将 Gash 模型核心部分程序中的参数变量用

"参数变量 × (1 + SensitivityMarkingValue × 0.01)"替换，就可以循环计算参数变化值对应的截留量值，并再通过 NMiddle 确定参数变化为 0 时的截留量值，于是可计算出不同参数变化率对应的截留量的变化率。最后可以用得到的参数变化率系列值与截留量变化率系列值做敏感度分析图。

实际操作中为避免重复占用前文提到的 Gash 模型核心部分程序中计算各有关变量的存储空间，又新定义了一套与前文提到的 Gash 模型核心部分程序中作用一致但用不同字符表示的变量来实现 Gash 模型核心部分程序的计算功能（这里的问题应该也可以通过 VB 中的参数调用解决）。

需要说明的一点是，Gash 模型核心部分程序中考虑了林冠蒸发速率大于或等于降雨强度的情况并有相应程序处理，而由于这种情况下模型中的公式已无法计算冠层与树干达到饱和所需降雨量，即已超出模型必须计算变量的定义域，因此在模型的参数变化率对截留量变化率的影响的敏感度分析中不应该考虑林冠蒸发速率大于或等于降雨强度的情况，以保留模型的本质属性，实际设计程序的模型的参数变化率对截留量变化率的影响的敏感度分析中也未考虑林冠蒸发速率大于或等于降雨强度的情况。其实，在我们实际观测与计算中，发生林冠平均蒸发速率大于或等于平均降雨强度的降雨场次很少，而将众多降雨场次的林冠平均蒸发速率大于或等于平均降雨强度再取平均后，林冠蒸发速率大于或等于降雨强度的可能性几乎为 0，因此也没有必要再考虑。

以下列出林冠持水能力 S 变化率对截留量变化率影响的敏感度分析的程序代码：

```
Private Sub IfollowingS_ Click()    '参数敏感度分析——截留量 I & 林冠持水能力 S

'此处省略了控件功能设置的程序代码，如显示作图的窗体与图片框的代码等。

    If SensitivitySettingUsing. Enabled = False Then    '如果选择了"参数敏感度分析设置选
项"的"启用"菜单项，使其为不可用状态：按敏感度分析设置窗体 Form5 的设置成图
    Rs = CDbl(Form5. Text1. Text)
    SensitivityStep = CDbl(Form5. Text2. Text)
    End If

'此处省略了控件功能设置的程序代码，如显示作图的窗体与图片框的代码等。

'以下代码计算林冠持水能力 S 对截留量 I 变化的影响：
    Nh = 11    '"基本分位循环数 Nh"
    Ns = (Nh - 1) / SensitivityStep * 10    '将"实际循环数 Ns"用"基本分位循环数 Nh"
与 SensitivityStep 换算表示
    NMiddle = Ns / 2    '将"中间分位数序 NMiddle"用"实际循环数 Ns"表示

    ReDim PgS(Ns) As Double    '林冠达到饱和所需的降雨量
    ReDim PgtS(Ns) As Double    '林冠达到饱和所需的降雨量
    ReDim GsmS(Ns) As Double    '林冠未达到饱和的 m 次降雨的截留量
```

ReDim Gsn1S(Ns) As Double ′林冠达到饱和的 n 次降雨的林冠加湿过程
ReDim Gsn2S(Ns) As Double ′降雨停止前饱和林冠的蒸发量
ReDim Gsn3S(Ns) As Double ′降雨停止后的林冠蒸发量
ReDim GstqS(Ns) As Double ′q 次树干茎流树干蒸发量
ReDim GstmnqS(Ns) As Double ′$m + n - q$ 次树干茎流树干未达到饱和蒸发量
ReDim GIS(Ns) As Double ′模拟截留量

For h = 0 To Ns Step 1 ′指定敏感度分析循环的下标范围

SensitivityMarkingValue = (h – 50 / SensitivityStep) * SensitivityStep ′数列循环值 h (0 到 Ns)转换为敏感度分析用循环值 SensitivityMarkingValue(–50 到 50)

PgS(h) = –((sRI / (I – 1)) / (sE / (I – 1))) * ((S * (1 + SensitivityMarkingValue * 0.01)) / c) * Log(1 – ((sE / (I – 1)) / (sRI / (I – 1)))) ′林冠达到饱和所需的降雨量
PgtS(h) = ((sRI / (I – 1)) / ((sRI / (I – 1)) – Val(sE / (I – 1)))) * (Stc / Ptc) + PgS(h) ′树干达到饱和所需的降雨量

If Rs < PgS(h) And Rs < PgtS(h) Then

GsmS(h) = c * Rs ′林冠未达到饱和的 m 次降雨的截留量
Gsn1S(h) = 0 ′林冠达到饱和的 n 次降雨的林冠加湿过程
Gsn2S(h) = 0 ′降雨停止前饱和林冠的蒸发量
Gsn3S(h) = 0 ′降雨停止后的林冠蒸发量
GstqS(h) = 0 ′q 次树干茎流树干蒸发量
GstmnqS(h) = c * Ptc * (1 – ((sE / (I – 1)) / (sRI / (I – 1)))) * (Val(Rs) – PgS(h)) ′$m + n - q$ 次树干茎流树干未达到饱和蒸发量
GIS(h) = GsmS(h) + Gsn1S(h) + Gsn2S(h) + Gsn3S(h) + GstqS(h) + GstmnqS(h) ′模拟截留量

ElseIf Rs > = PgS(h) And Rs < PgtS(h) Then

GsmS(h) = 0 ′林冠未达到饱和的 m 次降雨的截留量
Gsn1S(h) = c * PgS(h) – (S * (1 + SensitivityMarkingValue * 0.01)) ′林冠达到饱和的 n 次降雨的林冠加湿过程
Gsn2S(h) = (c * (sE / (I – 1)) / (sRI / (I – 1))) * (Val(Rs) – PgS(h)) ′降雨停止前饱和林冠的蒸发量
Gsn3S(h) = S * (1 + SensitivityMarkingValue * 0.01) ′降雨停止后的林冠蒸发量
GstqS(h) = 0 ′q 次树干茎流树干蒸发量

GstmnqS(h) = c * Ptc * (1 - ((sE / (I - 1)) / (sRI / (I - 1)))) * (Val(Rs) - PgS(h))   ′m + n - q 次树干茎流树干未达到饱和蒸发量

GIS(h) = GsmS(h) + Gsn1S(h) + Gsn2S(h) + Gsn3S(h) + GstqS(h) + GstmnqS(h)   ′模拟截留量

ElseIf Rs > = PgS(h) And Rs > = PgtS(h) Then

GsmS(h) = 0   ′林冠未达到饱和的 m 次降雨的截留量
Gsn1S(h) = c * PgS(h) - (S * (1 + SensitivityMarkingValue * 0.01))   ′林冠达到饱和的 n 次降雨的林冠加湿过程
Gsn2S(h) = (c * (sE / (I - 1)) / (sRI / (I - 1))) * (Val(Rs) - PgS(h))   ′降雨停止前饱和林冠的蒸发量
Gsn3S(h) = (S * (1 + SensitivityMarkingValue * 0.01))   ′降雨停止后的林冠蒸发量
GstqS(h) = c * Stc   ′q 次树干茎流树干蒸发量
GstmnqS(h) = 0   ′m + n - q 次树干茎流树干未达到饱和蒸发量
GIS(h) = GsmS(h) + Gsn1S(h) + Gsn2S(h) + Gsn3S(h) + GstqS(h) + GstmnqS(h)   ′模拟截留量

End If

Next h

′以下代码将以上计算结果在 Form1. Text1 里打印出来：
For h = 0 To Ns Step 1
SensitivityMarkingValue = (h - 50 / SensitivityStep) * SensitivityStep   ′数列循环值(0 到 Ns)转换为敏感度分析用循环值(- 50 到 50)
Text1. Text = Text1. Text & vbCrLf & PgS(h) & "   " & PgtS(h) & "   " & S * (1 + SensitivityMarkingValue * 0.01) & "   " & SensitivityMarkingValue & "   " & GIS(h) & "   " & (GIS(h) - GIS(NMiddle)) / GIS(NMiddle) * 100
Next h

′以下代码在 Form3. picture1 里作敏感度分析曲线图：
If SensitivitySettingUsing. Enabled = False Then   ′如果选择了"参数敏感度分析设置选项"的"启用"菜单项，使其为不可用状态：按敏感度分析设置窗体 Form5 的设置成图

SensitivityDown = CDbl(Form5. Text3. Text)
SensitivityUp = CDbl(Form5. Text4. Text)
SensitivityPlotRadius = CDbl(Form5. Text5. Text) / 2
SensitivityPlotBack = CDbl(Form5. Text6. Text)

Else '如果未选择"参数敏感度分析设置选项"的"启用"菜单项，使其为可用状态：按各输入框的设置成图

SensitivityDown = InputBox("请录入敏感度分析的截留量变化下限/%:","系统提示", -50) '录入纵坐标下限

SensitivityUp = InputBox("请录入敏感度分析的截留量变化上限/%:","系统提示", 50) '录入纵坐标上限

SensitivityPlotRadius = InputBox("请录入敏感度分析图散点的直径(0-1.2):","系统提示", 0.6) /
(2)录入分析图散点直径
If SensitivityPlotRadius < 0 Or SensitivityPlotRadius = 0 Or SensitivityPlotRadius > 0.6 Then
MsgBox "录入尺寸超出限定范围！取1.2",,"系统提示"
SensitivityPlotRadius = 0.6
End If

End If

SensitivityPlotBack = InputBox("请录入敏感度分析图散点的背景值(0为实心，1为透明):","分析图上限录入提示", 0) '录入分析图散点背景值
If SensitivityPlotBack < > 0 And SensitivityPlotBack < > 1 Then
MsgBox "录入背景值超出限定范围！取0",,"系统提示"
SensitivityPlotBack = 0
End If

Form3.Picture1.Scale(-70, SensitivityUp + 15) - (65, SensitivityDown - 15) '定义坐标系

Form3.Picture1.Line(-50, SensitivityDown) - (50, SensitivityDown) '画横坐标轴
For hh = -50 To 50 Step 10
Form3.Picture1.Line(hh, SensitivityDown + 2) - (hh, SensitivityDown) '画横坐标轴刻度
Form3.Picture1.PSet(hh - 2, SensitivityDown - 2), RGB(255, 255, 255) '移动横坐标轴刻度至打印的起始点
Form3.Picture1.Print hh '打印横坐标轴刻度
Next hh

```
        Form3. Picture1. Line( -50, SensitivityDown) - ( -50, SensitivityUp)    '画纵坐标轴
        For hh = SensitivityDown To SensitivityUp Step 10
        Form3. Picture1. Line( -48, hh) - ( -50, hh)    '画纵坐标轴刻度
        Form3. Picture1. PSet( -60, hh + 2), RGB(255, 255, 255)    '移动纵坐标轴刻度值打
印的起始点
        Form3. Picture1. Print hh    '打印纵坐标轴刻度
        Next hh


        For h = 0 To Ns Step 1
        Form3. Picture1. FillStyle = SensitivityPlotBack    '设置散点为实心或空心
        SensitivityMarkingValue = (h - 50 / SensitivityStep) * SensitivityStep    '数列循环值(0
到 Ns)转换为敏感度分析用循环值( -50 到 50)
        Form3. Picture1. Circle (SensitivityMarkingValue, (GIS (h) - GIS (NMiddle)) / GIS
(NMiddle) * 100), SensitivityPlotRadius    '标记 S - I 敏感度分析曲线, 传入点的半径
        Next h


        '以下代码在 Form3. picture1 里作敏感度分析曲线图的图例, 首先界定是否生成图例:
        If LegendSwitch = 1 Then    '分支结构——如果图例开关打开就按下列程序作图例:


        For h = NMiddle To NMiddle + 3 Step 1    '使用与打印敏感度分析图相同的循环, 但只
将循环控制在"实际循环数 Ns"的中值 NMiddle 到中值 NMiddle + 3


        Form3. Picture1. FillStyle = SensitivityPlotBack    '同敏感度分析图, 设置散点为实心或
空心


        SensitivityMarkingValue = (h - 50 / SensitivityStep) * SensitivityStep    '沿用上述敏感
度分析曲线中数值: 数列循环值(0 到 Ns)转换为敏感度分析用循环值( -50 到 50)


        '如果没设定标识就以" -6"的横坐标为起点只打印"S":
        If RainfallSigner = 0 And SSigner = 0 And cSigner = 0 And StSigner = 0 And PtSigner =
0 And ESigner = 0 And RISigner = 0 Then
        Form3. Picture1. PSet( -6, LegendEnter + SensitivityUp + 2), RGB(255, 255, 255)
        '移动分析用降雨量值至打印的起始点, 由于定义变量的默认初始值为 0, 因此把纵坐
标设为 LegendEnter + 50, 以便使图例中打印的"S"字样出现在坐标轴上端
        Form3. Picture1. Print "S"    '移动后打印"S"
        Form3. Label8. Caption = "当前图例标识: 无参数标识"
        End If
```

′如果设定了标识就接着"S"打印标示的数据：把标示的参数数据都用 Format 函数转换保留 2 位小数：

If RainfallSigner = 1 Then
Form3. Picture1. PSet(- 27, LegendEnter + SensitivityUp + 2), RGB(255, 255, 255)
′移动分析用降雨量值至打印的起始点，由于定义变量的默认初始值为 0，因此把纵坐标设为 LegendEnter + 50，以便使图例中打印的"S"字样出现在坐标轴上端
Form3. Picture1. Print "S, P = " & Format(Rs, "0.00")　　′接着"S"打印分析用降雨量 Rs
Form3. Label8. Caption = " 当前图例标识：分析用降雨量 P"
End If

If SSigner = 1 Then
Form3. Picture1. PSet(- 27, LegendEnter + SensitivityUp + 2), RGB(255, 255, 255)
′移动分析用降雨量值至打印的起始点，由于定义变量的默认初始值为 0，因此把纵坐标设为 LegendEnter + 50，以便使图例中打印的"S"字样出现在坐标轴上端
Form3. Picture1. Print "S, S = " & Format(S, "0.00")　′接着"S"打印林冠持水能力 S
Form3. Label8. Caption = " 当前图例标识：林冠持水能力 S"
End If

If cSigner = 1 Then
Form3. Picture1. PSet(- 27, LegendEnter + SensitivityUp + 2), RGB(255, 255, 255)
′移动分析用降雨量值至打印的起始点，由于定义变量的默认初始值为 0，因此把纵坐标设为 LegendEnter + 50，以便使图例中打印的"S"字样出现在坐标轴上端
Form3. Picture1. Print "S, c = " & Format(c, "0.00")　′接着"S"打印郁闭度 c
Form3. Label8. Caption = " 当前图例标识：郁闭度 c"
End If

If StSigner = 1 Then
Form3. Picture1. PSet(- 27, LegendEnter + SensitivityUp + 2), RGB(255, 255, 255)
′移动分析用降雨量值至打印的起始点，由于定义变量的默认初始值为 0，因此把纵坐标设为 LegendEnter + 50，以便使图例中打印的"S"字样出现在坐标轴上端
Form3. Picture1. Print "S, St = " & Format(St, "0.00")　′接着"S"打印树干持水能力 S_t
Form3. Label8. Caption = " 当前图例标识：树干持水能力 St"
End If

If PtSigner = 1 Then
Form3. Picture1. PSet(- 27, LegendEnter + SensitivityUp + 2), RGB(255, 255, 255)

′移动分析用降雨量值至打印的起始点，由于定义变量的默认初始值为 0，因此把纵坐标设为 LegendEnter + 50，以便使图例中打印的"S"字样出现在坐标轴上端

　　Form3. Picture1. Print "S，Pt = " & Format（Pt，"0.00"） ′接着"S"打印树干茎流系数 Pt

　　Form3. Label8. Caption = "当前图例标识：树干茎流系数 Pt"

　　End If

　　If ESigner = 1 Then

　　Form3. Picture1. PSet（－27，LegendEnter + SensitivityUp + 2），RGB（255，255，255）

′移动分析用降雨量值至打印的起始点，由于定义变量的默认初始值为 0，因此把纵坐标设为 LegendEnter + 50，以便使图例中打印的"S"字样出现在坐标轴上端

　　Form3. Picture1. Print "S，E = " & Format（sE ／（I － 1），"0.00"） ′接着"S"打印前面求出的 I－1 场降雨的平均蒸散速率 sE ／（I － 1）

　　Form3. Label8. Caption = "当前图例标识：平均蒸散速率 E"

　　End If

　　If RISigner = 1 Then

　　Form3. Picture1. PSet（－27，LegendEnter + SensitivityUp + 2），RGB（255，255，255）

′移动分析用降雨量值至打印的起始点，由于定义变量的默认初始值为 0，因此把纵坐标设为 LegendEnter + 50，以便使图例中打印的"S"字样出现在坐标轴上端

　　Form3. Picture1. Print "S，RI = " & Format（sRI ／（I － 1），"0.00"） ′接着"S"打印前面求出的 I－1 场降雨的平均降雨强度 sRI ／（I － 1）

　　Form3. Label8. Caption = "当前图例标识：平均降雨强度 R"

　　End If

　　Form3. Picture1. Circle（SensitivityMarkingValue，LegendEnter + SensitivityUp），Sensitivi-tyPlotRadius ′画图例中散点的图案

　　Next h

LegendEnter = LegendEnter － 5 ′画完图例后将下次图例的位置移至下一行，以便下次运行时使图例的新构成部分从下一行开始出现

ElseIf LegendSwitch = 0 Then ′分支结构——如果图例开关打开就按下列程序只显示状态：

　　Form3. Label9. Visible = True

　　Form3. Label9. Caption = "图例禁用状态"

　　End If ′分支结构——结束

′以下代码打印坐标轴标题：

′打印横轴标题：

Form3. Picture1. PSet(-17, SensitivityDown - 8), RGB(255, 255, 255) ′移动作图的起始位置至适宜点

Form3. Picture1. Print "参数变化率/%"

′打印纵轴标题：

Form3. Picture1. PSet(-65, (SensitivityUp - 0) * 36 / 100), RGB(255, 255, 255) ′移动作图的起始位置

Form3. Picture1. Print "截" & vbCrLf

Form3. Picture1. PSet(-70, (SensitivityUp - 0) * 24 / 100), RGB(255, 255, 255) ′移动作图的起始位置至适宜点

Form3. Picture1. Print "留" & vbCrLf

Form3. Picture1. PSet(-70, (SensitivityUp - 0) * 12 / 100), RGB(255, 255, 255) ′移动作图的起始位置至适宜点

Form3. Picture1. Print "量" & vbCrLf

Form3. Picture1. PSet(-70, (SensitivityUp - 0) * 0 / 100), RGB(255, 255, 255) ′移动作图的起始位置至适宜点

Form3. Picture1. Print "变" & vbCrLf

Form3. Picture1. PSet(-70, (SensitivityDown - 0) * 12 / 100), RGB(255, 255, 255) ′移动作图的起始位置至适宜点

Form3. Picture1. Print "化" & vbCrLf

Form3. Picture1. PSet(-70, (SensitivityDown - 0) * 24 / 100), RGB(255, 255, 255) ′移动作图的起始位置至适宜点

Form3. Picture1. Print "率" & vbCrLf

Form3. Picture1. PSet(-70, (SensitivityDown - 0) * 36 / 100), RGB(255, 255, 255) ′移动作图的起始位置至适宜点

Form3. Picture1. Print " /% " & vbCrLf

End Sub

(3)敏感度分析的辅助设计(对该部分的程序不再详细描述)

①冠层参数的录入显示与气象参数的均值统计显示。本文涉及的修正 Gash 模型程序设置了专门的菜单项用以显示录入的冠层参数(林冠郁闭度 c、林冠持水能力 S、树干持水能力 S_t、树干茎流系数 P_t)，而当导入确定场次的降雨后，由这些场次降雨的气象数据求算的各场降雨的平均林冠蒸发速率与平均降雨强度随即确定。这样，本文涉及的模型程序支持计算由导入的存储各场降雨环境变量的 txt 文件中的环境变量计算求得的平均林冠蒸发速率 E 与平均降雨强度 R(气象参数)并显示它们的功能。

②敏感度分析用降雨量的录入。根据式(1-28)与式(1-29)，冠层与树干达到饱和

的降雨量 P'_C 与 P''_C 会随冠层参数与气象参数的变化而变化。这样，本文涉及的模型程序支持对某一参数以某种分析精度（间隔）变化而其他参数不变时求得的 P'_C 与 P''_C 系列值输出显示。而由于总有 $P'_C > P''_C$，P'_C 与 P''_C 可将降雨量 P 划分在 $0 \leqslant P < P'_C$，$P'_C \leqslant P < P''_C$ 与 $P > P''_C$ 这 3 个雨量范围，而当降雨量分别选择在这 3 个范围时，截留散失量的求算方式不一样（使用公式不一样），造成敏感度分析的结果也不一样，于是本文涉及的模型程序不仅支持某一参数变化而其他参数不变时对求得的 P'_C 与 P''_C 系列值的输出显示，而且支持对进行敏感度分析的降雨量的录入，以明确该敏感度分析是在多大降雨量时做的。

③参数变化率分析精度设置。本文涉及的模型程序支持对参数变化率分析精度的设置，即通过输入框给变量 SensitivityStep 赋百分位值，使我们可以自主选择参数变化率的百分位间隔即分析精度，并相应控制生成图形中由敏感度分析值点构成的曲线的疏密程度。

④图例中参数值标示功能的设置。本文涉及的模型程序支持在图例中有选择性地显示做当前敏感度分析的计算过程中使用的降雨量值、4 种冠层参数与 2 种气象参数，以方便有关的分析。

3.3.3.8 修正 Gash 模型程序的使用说明

（1）程序各窗体界面说明

①主窗体界面（Form1）。本文涉及的修正 Gash 模型程序主窗体界面中主要设计、列出分管程序各执行过程的菜单系统。刚进入程序时显示一幅实验研究区所在林场（木兰围场林管局北沟林场）作业区的山林图片，当点击"导入环境变量"菜单项导入环境变量数据后，移动鼠标指针，该图片自动消失，显出主窗体的空白界面，供通过菜单系统执行各分管程序过程中调出相关控件，显示有关数据使用。程序主窗体的左下角设有 2 个标签控件，分别用于实时显示通过文件导入得到的、当前模拟使用的变量行数与当前录入实测数据行数。窗体界面如图 3-11 所示。

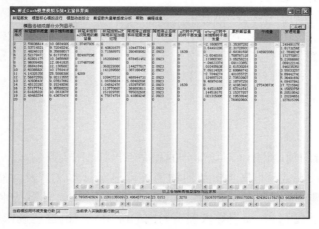

图 3-11　修正 Gash 模型模拟系统程序主窗体界面

Fig. 3-11　Main form interface of "System for simulation of revised Gash model"

②文本窗体界面（Form2）。用于提示导入变量的文件数据说明、显示点击"帮助"、"编程信息"等菜单标题引出的有关内容。窗体界面如图 3-12 所示。

图 3-12　修正 Gash 模型模拟系统程序文本窗体界面
Fig. 3-12　Text form interface of "System for simulation of revised Gash model"

③图形窗体界面（Form3）。用于将程序执行过程中生成的有关图形显示在该窗体的图片框（Picture1）内，包括截留散失量、树干茎流量与穿透雨量的动态拟合图，与截留散失量变化率依冠层参数、气象参数变化率变化的敏感度分析图两类。图形窗体界面上方的左右两侧各设有一个命令按钮，左侧"清除"按钮用于清除图片框中的图形，右侧"保存"按钮用于保存图片框中的图形，2 个命令按钮中间设标签控件，用于显示图的名称。

当通过菜单系统生成动态拟合图时，图形窗体界面的标签控件指示当前生成动态拟合图，且图片框下面设的 4 个标签控件与对应的 4 个文本框控件，指示与在移动鼠标光标时跟踪显示当前作图过程结束时的"每次作图前程序排出的纵坐标最小值（Min）"、"每次作图前程序排出的纵坐标最大值（Max）"，"每次作图后直接传递给作图过程的纵坐标最小值（MinLock）"与"每次作图后直接传递给作图过程的纵坐标最大值（LockMax）"。

当通过菜单系统生成敏感度分析图时，图形窗体界面的标签控件指示当前生成敏感度分析图，图片框下面设的 4 个标签控件分别指示当前作图过程中的分析项目、当前分析用降雨量、当前分析精度及当前图例标识情况，此时 4 个前述用于存储 Min、Max、MinLock 与 LockMax 值的文本框控件。

窗体界面如图 3-13 所示。

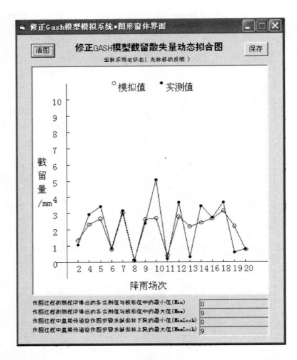

图3-13　修正 Gash 模型模拟系统程序图形窗体界面

Fig. 3-13　Figure form interface of "System for simulation of revised Gash model"

④敏感度分析设置窗体界面(Form5)。由于集中设置做敏感度分析所需的分析用降雨量、分析精度、生成分析图的纵坐标上下限、图中散点(即圆形)直径及图中散点的背景情况(实心或空心)。窗体界面如图 3-14 所示。

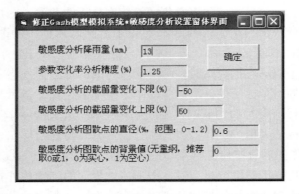

图3-14　修正 Gash 模型模拟系统程序敏感度分析设置窗体界面

Fig. 3-14　Form interface for sensitivity analysis of "System for simulation of revised Gash model"

⑤引导窗体界面(Form4)。作欢迎窗体用,录入密码以进入程序。窗体界面如图 3-15所示。

图 3-15　修正 Gash 模型模拟系统程序欢迎窗体界面

Fig. 3-15　Form interface for welcoming of "System for simulation of revised Gash model"

（2）程序菜单项说明

①林冠蒸发（含 8 个一级菜单项，分 a、b……列出说明，后同）

a. 环境变量导入。调出对话框查找、选择储存环境变量数据的文本文件，导入程序中。

b. 导入变量清空。初始化储存各环境变量的数组，为再次导入、储存数据做准备。通过设定循环读入数值的变量 I＝1，使储存各环境变量的数组大小缩小至只含有下标为 0（1－1＝0）的第一个数据空间，即储存字符型的标题的数据空间。

c. 变量导入说明。调出说明储存导入环境变量的 txt 文件中各环境变量有关信息，如在内部程序计算时它们的表示字符、它们 txt 文件中储存时的单位。

d. 变量导入显示。导入各场降雨的环境变量后调出主文本框（程序中 Form1 的 Text1）列出显示。

e. 单个变量导入查询。支持选定某环境变量后查询各场降雨时段该环境变量的值。

f. 林冠蒸发相关常量确定。支持录入通过 Penman－Monteith 公式计算林冠蒸发所需的空气密度、空气在常压下的比热、水的汽化潜热及卡曼常数，并给出默认参考值。

g. 中间变量计算。根据 Penman－Monteith 公式计算、显示各场降雨时段内林冠蒸发相关中间变量，包括饱和水汽压、实际水汽压、饱和水汽压与温度曲线的斜率、干湿表常数、零位移高度、粗糙长度、林冠上方 2m 高度、林冠上方 2m 高度风速及空气动力学阻力。

h. Penman－Monteith 林冠蒸发速率计算。计算、显示各场降雨时段内 Penman－Monteith 林冠蒸发速率。

②模型核心模拟运行（含 2 个一级菜单项）

a. 冠层参数录入。支持录入修正 Gash 模型计算截留量所需的冠层参数，包括林冠郁闭度 c、林冠持水能力 S、树干持水能力 S_t 与树干茎流系数 P_t，并给出 2011 年测定的本文研究区油松人工林 9 号模型样地的这些参数的测定值作为默认值。

b. 场降雨模型全面模拟与显示。导入环境变量数据，且录入林冠蒸发相关常量与冠层参数后，计算导入 txt 文件记录的各场降雨的修正 Gash 模型中各核心变量，包括冠层达到饱和所需降雨量 P'_G、树干达到饱和所需降雨量 P''_G、截留量及其各组成分量、树干茎流量与穿透雨量，并统计 txt 文件中记录的历场降雨的这些变量的求和结果（可选），在程序主窗体用显示。如果未从菜单项中录入林冠蒸发相关常量与/或冠层参数而直接点该菜单项则在程序执行过程中提示录入这些变量。

该菜单项又分为"模拟运行与分列显示"与"模拟运行与整体显示"2 个二级菜单项，内部使用的专业计算程序即专业计算过程完全一致，只是结果显示方式与数据统计倾向有些区别。

如果选择"模拟运行与分列显示"菜单项，则将计算结果分类显示在主窗体的多个文本框中，统计、显示历场降雨的核心变量的求和结果，这种显示方式较直观，可读性较强。

如果选择"模拟运行与整体显示"菜单项，则将计算结果集中显示在主窗体的主文本框（程序中 Form1 的 Text1）中，不统计、显示历场降雨的核心变量的求和结果，比选择"模拟运行与分列显示"菜单项多一列对每场降雨的模拟截留散失量、树干茎流量与穿透雨量的求和统计以与实测的降雨量相互校核、检查程序内部计算是否"闭合"用，这种显示方式数据罗列较乱，但便于将数据一次性复制、粘贴至其他的数据处理、分析软件中，如 Microsoft Excel 软件。

③模型动态拟合（含 5 个一级菜单项）

a. 实测观测降雨数据导入。调出对话框查找、选择储存实测观测降雨数据的文本文件，导入到程序中。

b. 实测观测降雨数据清空。初始化储存各实测观测降雨指标（包括实测截留散失量、实测树干茎流量与实测穿透雨量）的数组，为再次导入、储存数据做准备。通过设定循环读入数值的变量 II=1，使储存各环境变量的数组大小缩小至只含有下标为 0（1-1=0）的第一个数据空间，即储存字符型的标题的数据空间。

c. 开始拟合。该菜单项用于判断当前状态是否满足模型拟合所需条件：当已导入环境变量 txt 文件、录入林冠蒸发相关常量与冠层参数，并通过运行"场降雨模型全面模拟与显示"一级菜单项所辖任意二级菜单项计算出各场降雨的模拟截留散失量、模拟树干茎流量与模拟穿透雨量后（此时拟合条件判断变量 Simulatingcondition1=1）；且当已导入实测指标 txt 文件后（此时拟合条件判断变量 Simulatingcondition2=1），"开始拟合"下面的 2 个一级菜单项"拟合结果列表显示"与"生成动态拟合效果图"由不可用状态变为可用状态。

d. 拟合结果列表显示。将各场降雨的截留散失量、树干茎流量与穿透雨量的模拟值与实测值在程序主窗体的主文本框（程序中 Form1 的 Text1）中显示。

e. 生成动态拟合效果图。下辖 5 个二级菜单项："生成截留散失量动态拟合图"、"生成树干茎流量动态拟合图"、"生成穿透雨量动态拟合图"、"坐标系锁定选项"及"动态拟合图初始显示"。

点击"生成截留散失量动态拟合图"、"生成树干茎流量动态拟合图"、"生成穿透雨量动态拟合图"后，主窗体缩小，调出作图窗体（Form3），分别生成各场降雨截留散失量、树干茎流量及穿透雨量的动态拟合图。

"坐标系锁定选项"菜单项用于做模拟动态截留散失量、树干茎流量及穿透雨量的"变参数动态模拟分析"。以变参数截留散失量的动态模拟分析为例说明分析过程：分析前须先用一套林冠蒸发相关常量与冠层参数结合环境变量数据，通过点击"场降雨模型全面模拟与显示"的任意下级菜单项运算得到动态截留散失量，结合实测截留散失量的录入，点击"生成截留散失量动态拟合图"生成相应的动态截留散失量拟合图，不清除图形；生成一次拟合图后系统即将"坐标系锁定选项"菜单项的三级菜单项"图形坐标系锁定"由生成拟合图前的不可用状态设置为可用状态，此时点击"图形坐标系锁定"，使图形坐标系处于"锁定状态"；在程序中点击录入某冠层参数或林冠蒸发相关常量的菜单项录入变换后的该参数（或常量）值；再点击"场降雨模型全面模拟与显示"的任意下级菜单项运算得到新的动态截留散失量；再点击"生成截留散失量动态拟合图"，就可以从图中直观地看到改变前面的参数（或常量）后模拟动态截留量的变化情况。在这个过程中可以通过点击"拟合结果列表显示"打开显示该过程中有关各场降雨有关变量计算结果的主文本框（Form1 的Text1），同时对比观察图与表的分析结果。变参数树干茎流量与穿透雨量的动态模拟分析的操作过程类似。进行过"变参数动态模拟分析"后，可点击"图形坐标系解锁"取消图形坐标系的"锁定状态"。

"纵坐标值域设定"用于通过输入框给 MinLock 与 MaxLock 赋值来实现主动确定动态拟合图的纵坐标上下限。该项功能需要点选"图形坐标系锁定"后才可用，当生成一幅图如感觉纵坐标范围不合适，可以点选"图形坐标系锁定"后再点击"纵坐标值域选项"确定合适的纵坐标上下限，清除旧图后再点击"生成×××动态拟合图"即得到纵坐标上下限符合预期的新图。

"图中字号设置"用于设定生成图形中字符的字号大小，默认值设为 12。

f. 动态拟合图初始显示。用于调出备做动态模拟分析的作图窗体（Form3），配置相关控件的显示状态与功能。

④截留散失量敏感度分析

a. 当前主参数值获取与显示。当导入环境变量数据、录入林冠蒸发相关常量与冠层参数、点击"场降雨模型全面模拟与显示"的任意下级菜单项完成模型的核心运算后，该菜单项由不可用状态变为可用状态，此时点击该菜单项，可弹出对话框显示录入的，即程序中当前储存的各冠层参数值，并统计、显示历场降雨的气象参数，即林冠蒸发速率与降雨强度的平均值。

b. 敏感度分析用降雨量录入。支持录入做敏感度分析用的降雨量值。

c. 参数变化率分析精度设置。支持录入参数变化率的分析精度，即参数变化率间隔的百分位值，推荐选择 5、2.5、2、1.25 或 1。

d. 生成各参数分析图表。该一级菜单项含有 6 个二级菜单项，分别为："生成截留量 I 与林冠持水能力 S 变化关系图表"，"生成截留散失量 I 与林冠郁闭度 c 变化关系图表"，"生成截留散失量 I 与树干持水能力 S_t 变化关系图表"，"生成截留散失量 I 与树干茎流系数 P_t 变化关系图表"，"生成截留散失量 I 与平均蒸散速率 E 变化关系图表"与"生成截留散失量 I 与平均降雨强度 RI 变化关系图表"。

上述 a、b、c 项顺次执行完成后，点击 6 个二级菜单项中的某项，可计算基于选定降雨量，该项对应参数的参数变化率在以选定分析精度变化时对应的 6 个变量的值，这 6 个变量包括：林冠达到饱和必须降雨量、树干达到饱和必须降雨量、所选择的分析参数取值、所选分析参数的变化率、所选分析参数取值对应的截留散失量值及对应截留散失量值变化率（即所选分析参数取值对应的截留散失量值相对于所选择的分析参数值变化为 0 时对应的截留散失量值的变化率），并将它们显示在主窗体的主文本框（Form1 的 Text1）中，并利用所选分析参数的变化率与对应截留散失量值变化率，在显示窗体（Form3）中生成敏感度分析图。

该操作执行过程中提示录入 4 项与作图有关的设置，包括"敏感度分析的截留量变化下限"、"敏感度分析的截留量变化上限"、"敏感度分析图散点直径"、"敏感度分析图散点背景值"，它们分别限定生成敏感度分析图中截留量变化坐标轴的最小刻度值，最大刻度值，图中各散点的直径及图中各散点的背景值（对应 VB 语句中 FillStyle 属性值，只用 0 与 1 两个值，分别表示实心与透明）。

通过设置"敏感度分析图散点直径"、"敏感度分析图散点背景值"或前面的"参数变化率分析精度"，可以对所分析的不同参数做出不同类型的图，并产生对应的图例，以适应作图的要求。

e. 参数敏感度分析设置选项。该一级菜单项含有"启用"与"禁用"2 个二级菜单项，在点击"当前主参数值获取与显示"菜单项后该菜单项变为可用。点击"启用"菜单项后"启用"菜单项变为不可用，同时调出"敏感度分析设置窗体界面"，录入做敏感度分析所需的分析用降雨量、分析精度、生成分析图的纵坐标上下限、图中散点（即圆形）直径及图中散点的背景情况（实心或空心）。录入后点击"敏感度分析设置窗体界面"（Form5）中的"确定"按钮，再点击"生成各参数分析图表"菜单项的某一下一级菜单项，则按录入的各参数值绘图生成截留散失量变化依对应参数变化的敏感度分析图表。该菜单项属补充设置，省去了按前述设置的成图参数的顺次录入的繁琐步骤，有利于大量成图。如点击"禁用"菜单项则"启用"菜单项变为可用，该状态下不采用"敏感度分析设置窗体界面"（Form5）中的设置，在其"禁用"的状态下点击"生成各参数分析图表"菜单项的某一下一级菜单项，仍须经历顺次录入成图参数步骤。

f. 图例选项。该一级菜单项含有 4 个二级菜单项，分别为："启用图例"、"禁用图例"、"标示图例参数"与"图例初始行重置"。

如果需要在进行敏感度分析生成敏感度分析图的同时生成图例，则在进行敏感度分析前点击"启用图例"，则作图的同时显示图例，标记图中当前绘制的散点连线表示的引起截留量变化的参数字符标识，以方便生成图件的保存于直接使用。每执行一次作图过程，即在敏感度分析图的中上顶部生成一行图例标识，每下一次执行作图过程时，新的图例标识在现有标识的下一行生成。点击"启用图例"后，"启用图例"变为不可用状态，而"禁用图例"、"标示图例参数"与"图例初始行重置"变为可用状态供选择使用。

如果点击"禁用图例"项，则"禁用图例"、"标示图例参数"与"图例初始行重置"均变为不可用状态。"启用图例"变为可用状态供再选择使用。

如果需要在生成敏感度分析图且生成图例的同时在图例中显示每次执行作图过程运算中使用的某个可选的参数的值，以方便分析使用，则在点选"启用图例"菜单项的情况下，再点选"标示图例参数"菜单项下辖的三级菜单项"标示参数"中的 7 个四级菜单项中的某一项，标示该项对应的参数，这 7 个四级菜单项分别为："标示分析用降雨量 P（Rs）"，"标示林冠持水能力 S"，"标示郁闭度 c"，"标示树干持水能力 S_t"，"标示树干茎流系数

P_t"，"标示历场降雨蒸散速率 E"，"标示历场降雨平均降雨强度 RI"。当点选"图例参数标示"下辖的三级菜单项"隐藏参数标识"时，则不再标示参数。

"图例初始行重置"的功能：前面提到，在启用图例、标示图例参数的情况下，每执行一次作图过程，即在敏感度分析图的中上顶部生成一行图例标识，每下一次执行作图过程时，新的图例标识在现有标识的下一行生成，这样当执行若干次作图过程后，图例标识行会下移至与敏感度分析散点曲线接近。为解决这一问题而设置该菜单项，点击此项再点击"清图"按钮清除已绘制的图形后，再执行作图过程生成的图例标识重新从图的中上顶部开始生成。

g. 图中字号设置。用于设定生成图形中字符的字号大小，默认值设为 12。

h. 敏感度分析图初始显示。调出备做敏感度分析窗体（Form3），配置相关控件的显示状态与功能。

⑤帮助

a. 关于 Gash 模型。调出窗体与有关显示控件，介绍 Gash 模型。

b. 程序使用说明。按菜单项介绍修正 Gash 模型程序的使用方法与功能应用。

c. 程序中变量信息。储存修正 Gash 模型程序计算使用的变量及其类型、表示意义。

d. 关键编程代码及注解。储存修正 Gash 模型程序的关键编程代码并加以注解说明。

⑥编程信息

a. 关于程序制作者。显示程序制作者的有关信息。

b. 关于程序。显示程序制作使用软件的有关信息，程序制作的背景、时间，程序的特点等。

c. 联系我们。显示程序制作者及有关人员的联系方式。

第4章

林分降雨分配功能变量

4.1 降雨特征

在 2010 年、2011 年植物生长季实验期共采集降雨数据（含林外对照降雨数据、林内穿透雨量数据、林内树干茎流数据）39 场，其中 2010 年 7 月 31 日即 2010 年第 6 场采集降雨、2011 年 7 月 24～25 日即 2011 年第 15 场采集降雨与 2011 年 8 月 14～25 日即 2011 年第 17 场采集降雨时较多穿透雨收集塑料桶溢满而使穿透雨数据无效；2011 年 6 月 22 日即 2011 年第 3 场采集降雨时南部油松人工林样地较多树干茎流收集塑料桶溢满，对应的树干茎流数据无效。这样，将 2011 年第 3 场采集降雨时南部油松人工林样地较多树干茎流溢满的数据去除后加入统计，39 场采集降雨中有 36 场采集降雨数据中的林外对照降雨指标、林内穿透雨量指标与林内树干茎流指标数据在观测设施的测量量程内，本文将这 36 场降雨的数据作为穿透雨与树干茎流一般分析的有效数据。

将实验期内对研究区——北沟林场的 5 个林外雨观测点（含驻地、北路 1、北路 2、南路 1、南路 2）的数据进行整理，得到实测研究区实验期降雨量（即林外对照降雨量）、降雨强度、降雨历时资料（图 4-1、图 4-2）。

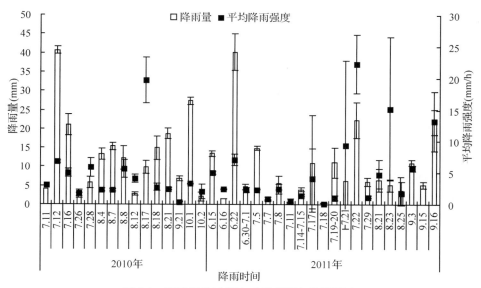

图 4-1　研究区实验期各次降雨量与降雨强度

Fig. 4-1　Precipitation and rainfall intensity of rainfall events in study area during experimental period

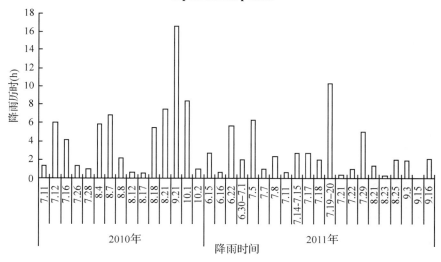

图 4-2　研究区实验期各次降雨的降雨历时

Fig. 4-2　Rainfall duration of rainfall events in study area during experimental period

4.2　林分穿透率分析

4.2.1　林分穿透雨变异性

　　研究区油松人工林、落叶松人工林与 1hm² 天然次生林优势树种落叶松、白桦、山杨的标准木单木的各穿透雨相关指标与降雨量的关系如图 4-3 至图 4-5 所示。用各雨量级内次生林落叶松、白桦、山杨的标准木单木的平均穿透率、各优势木占总树木株数比例（权重)与在 $1hm^2$ 次生林样地中随机选取的 24 个样点拍摄的鱼眼镜头照片分析得到的郁闭度值取平均求得的 $1hm^2$ 次生林样地的平均郁闭度(0.85)按式(4-1)估算次生林各雨量级内的穿透率，结果如图 4-5、表 4-1 所示。

$$T_{r次生林} = \left(\overline{T}_{r次落} \frac{n_{次落}}{n_{次落} + n_{次桦} + n_{次杨}} + \overline{T}_{r次桦} \frac{n_{次桦}}{n_{次落} + n_{次桦} + n_{次杨}} \right.$$
$$\left. + \overline{T}_{r次杨} \frac{n_{次杨}}{n_{次落} + n_{次桦} + n_{次杨}} \right) f + 100\% (1 - f) \quad (4-1)$$

式(4-1)中，$T_{r次生林}$ 为 $1hm^2$ 次生林加权穿透率；$\overline{T}_{r次落}$、$\overline{T}_{r次桦}$、$\overline{T}_{r次杨}$ 分别为 $1hm^2$ 次生林的落叶松、白桦与山杨标准木的穿透率均值；$n_{次落}$、$n_{次桦}$、$n_{次杨}$ 分别为 $1hm^2$ 次生林中落叶松、白桦与山杨的株数；f 为次生林郁闭度。

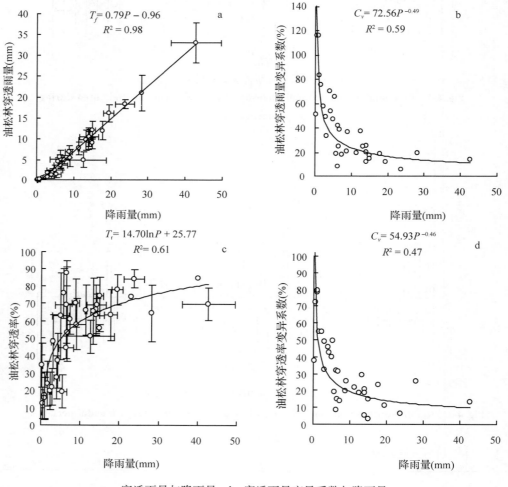

a. 穿透雨量与降雨量；b. 穿透雨量变异系数与降雨量；
c. 穿透率与降雨量；d. 穿透率变异系数与降雨量

图 4-3 油松人工林穿透雨量及其变异系数、穿透率及其变异系数与降雨量关系曲线

Fig. 4-3 Curves to describe the relation between precipitation and throughfall，throughfall rate or variation coefficient of throughfall of planted Chinese pine forests

注：T_f——穿透雨量；T_r——穿透率；P——降雨强度；C_v——变异系数，后图同。

从图 4-3 至图 4-5 中可以看出油松人工林、落叶松人工林及次生林中各树种的穿透雨量与(林外)降雨量均成强正相关性;油松人工林、落叶松人工林及次生林中的落叶松的穿透率均随降雨量的增大而增大,增幅逐渐减小,均在 25mm 左右时趋于恒定,而次生林阔叶树种——白桦、山杨的穿透率随降雨量增加的趋势要平缓一些;另外,研究区 2 种人工林分穿透雨量与穿透率的变异系数均随降雨量的增大而减小,递减速度先快后慢,转折点为 10mm 左右。油松人工林穿透雨量与穿透率的变异系数的平稳值分别在 20% 与 17% 左右,而落叶松人工林穿透雨量与穿透率的变异系数的平稳值在 10% 左右。

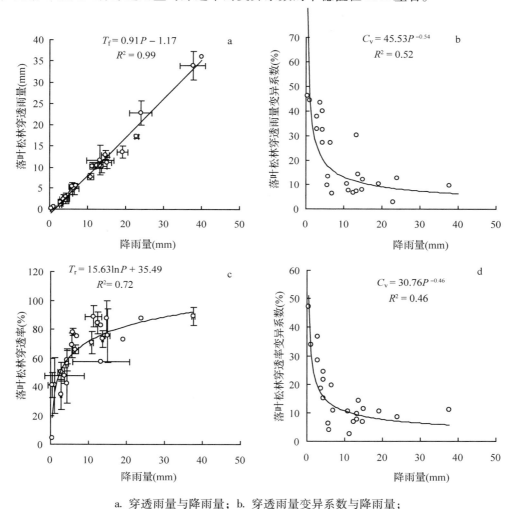

a. 穿透雨量与降雨量; b. 穿透雨量变异系数与降雨量;
c. 穿透率与降雨量; d. 穿透率变异系数与降雨量

图 4-4 落叶松人工林穿透雨量及其变异系数、穿透率及其变异系数与降雨量关系曲线

Fig. 4-4 Curves to describe the relation between precipitation and throughfall, throughfall rate or variation coefficient of throughfall of planted larch forests

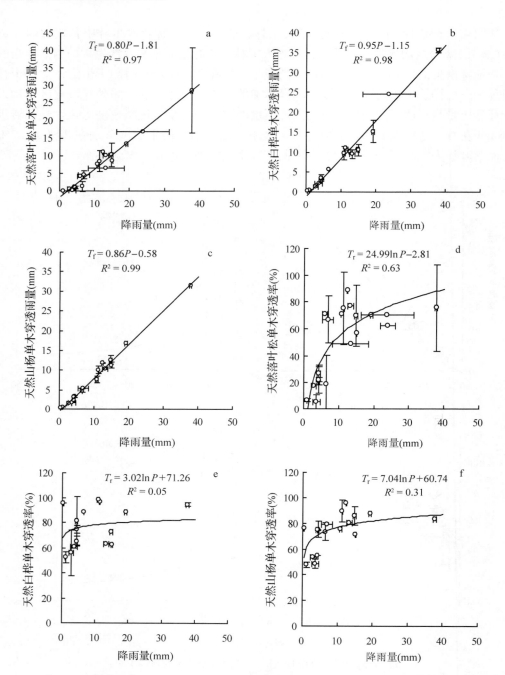

a. 落叶松穿透雨量与降雨量；b. 白桦穿透雨量与降雨量；c. 山杨穿透雨量与降雨量；
d. 落叶松穿透率与降雨量；e. 白桦穿透率与降雨量；f. 山杨穿透率与降雨量

图 4-5　研究区 1hm² 次生林各单木标准木穿透雨量、穿透率与降雨量关系曲线

Fig. 4-5　Curves to describe the relation between precipitation and throughfall, throughfall rate or variation coefficient of throughfall of the 1 hm² secondary forest

表 4-1 1 hm² 次生林及其各优势树种不同雨量级穿透率
Table 4-1 Throughfall rate at different rainfall classes of 1 hm² natural secondary
forest and its dominant tree species

林分类型及次生林单木	优势树种株数	优势树种比例(%)	叶面积指数	穿透率(%)			
				小雨 0~10mm	中雨 10~25mm	大雨 25~50mm	平均
油松人工林	—	—	1.33±0.28	42.83±23.17 a	67.52±9.62 b	72.75±10.46	61.03
落叶松人工林	—	—	0.90±0.20	51.05±19.75 a	77.91±9.44 a	89.05	72.67
1hm²次生林(加权平均)	743	100	1.63±0.57	48.96±10.22 a	68.39±5.98 b	71.36	62.90
次生林落叶松平均	78	10.50		26.59±3.10	66.04±15.20	75.82±32.21	56.15
次生林白桦平均	80	10.77		72.25±3.34	86.81±13.63	94.43±1.56	84.50
次生林杨树平均	585	78.73		61.15±6.33	85.76±6.44	83.38	76.77

4.2.2 不同雨量级各集雨槽林内雨穿透率的差异性分析与雨量级赋值

采用研究期内各 5mm 雨量级内穿透率观测数据均较多的 18 个小样地(油松林 11 个,落叶松林 7 个)对各雨量级内穿透雨的变异性进行检验(表 4-2、表 4-3)。由于降雨量 <10mm 时穿透率的随机变异性较大,变化范围可从 <10% 增加至 >90%,认为在此范围将雨量级再细划分意义不大,因此只划分为 0~5mm 级与 5~10mm 级 2 个亚等级。分析结果表明:对于油松人工林小样地,在小雨(0~10mm)雨量级内部,11 个小样地有 9 个 5mm 雨量级(0~5mm 级与 5~10mm 级)中的穿透率无显著差异,占绝大多数,因此认为研究区油松林穿透率在 0~10mm 雨量级即小雨雨量级内的变化不显著,故为统一运筹数据进行回归分析,将研究区油松林 0~10mm 的雨量级赋值为 1,其余同理;中雨雨量级

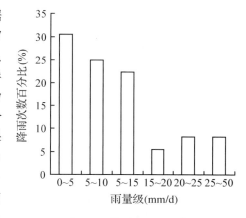

图 4-6 各亚雨量级降雨场数百分比
Fig. 4-6 Percentage of rainfall frequency
at each secondary rainfall class

(10~25mm)内,10#1 与 10#2 在该雨量级范围集雨次数均≤1,不可对比,不用,其余 9 槽中有 7 槽 3 个 5mm 雨量级(或其中 2 个)穿透率无显著差异,又降雨量超过 10mm 时油松林穿透率趋于平稳(图 4-3),这样认为油松林穿透率在 10~25mm 雨量级即中雨雨量级内的变化不显著,将 10~25mm 的雨量级赋值为 2;由于雨量值在 25~50mm 雨量级内的,即大雨雨量级(25~50mm)时的穿透率已平稳(图 4-3),因而将 25~50mm 的雨量级赋值为 3。同理,对于落叶松人工林小样地,在小雨(0~10mm)雨量级内部,7 个上方有林冠的小样地中有 6 个 5mm 雨量级(0~5mm 级与 5~10mm 级)中的穿透率有显著差异,占绝大多数,因此认为研究区落叶松穿透率在 0~10mm 雨量级即小雨雨量级内的变化显著,回归时将 0~5mm 雨量级赋值为 1,将 5~10mm 雨量级赋值为 2;中雨雨量级(10~25mm)内,2#北、2#南、18#单木 2 均只在一个 5mm 雨量级取到了有重复的数据,多重比较不可用,其余 4 槽各 5mm 雨量级穿透率均(或其中 2 个)无显著差异,又降雨量超过 10mm 时落叶松林穿透率趋于平稳(图 4-4)。这样认为研究区落叶松林穿透率在 10~25mm 雨量级

表 4-2 实验期内人工林小样地各集雨槽各亚雨量级穿透雨观测次数

Fig. 4-2 Number of throughfall observed by using troughs for throughfall collection in the small planted forest sample plots at each secondary rainfall class in study area during the experimental period

各集水槽编号	亚雨量级（mm/d）					
	0 ~ 5	5 ~ 10	10 ~ 15	15 ~ 20	20 ~ 25	25 ~ 50
3#	8	2	6	2	1	2
9#1	8	7	2	1	2	1
9#2	11	9	5	3	2	1
9#3	7	7	2	1	2	1
9#4	8	7	2	1	2	1
9#5	11	10	5	3	2	2
10#1 单木 1	8	4	1	1	—	—
10#2 单木 2	8	4	1	1	—	—
12#	8	6	2	1	2	1
12#单木	2	2	1	1	—	1
13#	8	5	2	1	1	1
15#	8	5	2	1	1	1
1#北	9	3	5	3	1	—
1#南	9	3	5	3	1	1
2#北	9	4	7	1	1	2
2#南	9	4	6	1	1	3
4#	9	2	6	2	—	1
18#单木 1	9	4	7	2	—	2
18#单木 2	2	1	5	1	—	—

表 4-3 人工林小样地各集雨槽各亚雨量级穿透率

Table 4-3 Throughfall rate of the small planted forest sample plots at each secondary rainfall class observed by using troughs for throughfall collection

各集水槽编号	穿透率（%）					
	0 ~5mm/d 雨量级	5 ~ 10 mm/d 雨量级	10 ~ 15 mm/d 雨量级	15 ~ 20 mm/d 雨量级	20 ~ 25 mm/d 雨量级	25 ~ 50 mm/d 雨量级
3#	26.92 ± 12.53 d	44.99 ± 4.01 c	59.73 ± 6.68 b	62.80 ± 11.43 ab	73.46	77.49 ± 9.82 a
9#1	32.94 ± 24.88 b	58.07 ± 17.14 ab	63.00 ± 2.93 ab	63.68	76.15 ± 6.02 a	58.84
9#2	31.25 ± 25.66 c	57.85 ± 21.05 bc	70.44 ± 8.44 ab	74.01 ± 7.00 ab	83.93 ± 4.97 a	82.67
9#3	35.35 ± 26.97 b	60.82 ± 22.90 ab	66.33 ± 21.07 ab	87.51	87.13 ± 2.90 a	67.88
9#4	19.09 ± 15.75 b	53.13 ± 27.09 ab	56.17 ± 7.52 a	63.27	80.08 ± 9.57 a	60.32
9#5	36.52 ± 24.31 b	60.82 ± 18.95 ab	65.53 ± 16.90 ab	75.65 ± 4.59 ab	75.87 ± 2.28 a	68.13 ± 6.85 a
10#1 单木 1	35.00 ± 22.58 a	46.36 ± 24.35 a	42.77	74.57	—	—
10#2 单木 2	23.79 ± 16.30 a	35.80 ± 27.40 a	68.38	55.75	—	—
12#	16.43 ± 16.21 b	55.90 ± 36.85 ab	64.41 ± 14.83 ab	73.34	84.79 ± 8.69 a	69.16
12#单木	25.77 ± 24.63 a	43.82 ± 11.82 a	39.62	47.78	—	47.78
13#	33.15 ± 14.28 b	62.83 ± 26.95 ab	74.83 ± 8.80 a	86.28	92.31	84.21
15#	28.83 ± 17.41 a	66.30 ± 31.40 b	86.57 ± 0.09 b	86.69	65.46	82.19

（续）

各集水槽编号	穿透率（%）					
	0~5mm/d 雨量级	5~10 mm/d 雨量级	10~15 mm/d 雨量级	15~20 mm/d 雨量级	20~25 mm/d 雨量级	25~50 mm/d 雨量级
1#北	33.64±16.12 b	57.24±9.54 a	78.12±12.82 a	74.75±8.97 a	75.66	98.46
1#南	41.41±19.06 b	72.24±12.50 a	75.64±9.76 a	75.44±12.45 a	91.73	88.57
2#北	43.71±22.28 b	70.97±6.09 a	81.73±8.67 a	33.15	76.79	89.27±0.98 a
2#南	49.40±21.13 b	76.37±8.77 a	81.97±9.94 a	69.17	73.85	88.07±8.24 a
4#	33.43±14.24 b	66.68±11.11 a	80.06±9.78 a	99.83±13.02 a	—	99.83
18#单木1	47.14±21.11 c	70.91±5.18 ab	76.44±11.24 ab	62.10±13.11 bc	—	83.16±5.18 a
18#单木2	50.49±20.14 a	73.91	81.10±5.38 a	84.80	—	—

注：数据为均值±标准差，同行中有相同字母的两项差异不显著（P<0.05）；林窗部位的集雨槽与取到数据较少的集雨槽未进行检验；雨量级内只有一个数值的未参与检验，也未标记标准差与多重比较的字母。

即中雨雨量级内的变化不显著，将 10~25mm 的雨量级赋值为 3；由于雨量值在 25~50mm 雨量级内的，即大雨雨量级（25~50mm）时的穿透率已平稳（图 4-4），因而将 25~50mm 的雨量级赋值为 4。

4.2.3 油松人工林与落叶松人工林单木与非单木下穿透雨的差异性分析

单木对穿透雨的空间分布有比较重要的影响，如 Loescher 等认为，巨大的树冠和林冠空隙是产生林下穿透雨差异的主要原因；刘建立等（2009）发现，穿透雨率在树冠半径的中部显著高于树冠边缘和树干基部，这是由于华北落叶松的锥形树冠结构使得树冠中心冠层厚、枝叶密集，还由于一些枝条下垂使得树冠具有向树冠外缘汇集降雨的作用。

单木（树冠完整或在某个方向完整并覆盖集雨装置）树冠下与远离单木树冠的林内随机测点的差异是否对林内雨穿透率的空间分布造成影响对模型建立过程中各林分结构指标的选取有比较重要的影响。即如果单木树冠较密（如油松枝叶较浓密），造成单木下穿透率显著高于林内随机测点的穿透率，则应认为林内雨穿透率受单木的影响明显，进行回归、建模所用的林分结构指标应忽略周围树木可能对穿透率造成的影响，不宜选用小样地林分指标的均值，而只用单木的林分指标；郁闭度也不用在单木下拍摄的鱼眼照片解得的郁闭度值，而近似用 1 代替（即反映一种集雨装置上方全被不透光树冠覆盖的情景）；林分密度也不宜用小样地密度，选用的密度应反映样地内紧密排列所测定的单木的情景，计算方式为 $D_{单木}=1/$ 单木投影面积，单位换算为株·hm^{-2}。

而如果单木下穿透率与林内随机测点的穿透率无显著差异，则无法确定林内雨穿透率受单木的影响程度与受周围树木影响程度，进行回归、建模所用的各林分结构指标仍宜选用小样地林分结构指标的均值，其中的郁闭度也宜选用单木下拍摄的鱼眼照片解得的郁闭度值。

综合图 4-7、图 4-8 与表 4-4 可知：对于油松，在小雨雨量级（0~10mm）时，单木（冠层饱满，后同）下的林内雨穿透率与非单木无显著差异（P>0.05），而在中、大雨雨量级（10~50mm）时，单木的林内雨穿透率显著小于非单木（P<0.05），说明可能受油松叶面

积较大、冠层枝叶排列紧密的影响，造成中、大雨雨量级时油松单木树冠下的穿透率显著减小——小雨雨量级穿透率变异大且冠层吸附不易完全，可能因此小雨雨量级时单木与非单木穿透率差异不显著；而对于落叶松，各雨量级单木（冠层完整，后同）下的林内雨穿透率与非单木无显著差异（$P > 0.05$）。

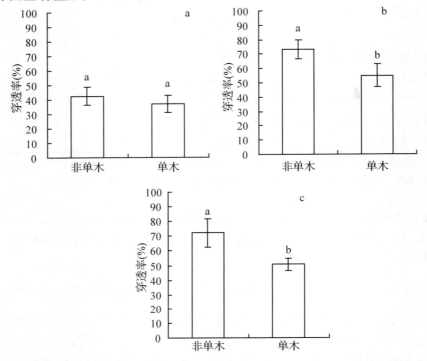

a. 小雨（0 ~ 10mm）雨量级；b. 中雨（10 ~ 25mm）雨量级；c. 中雨（25 ~ 50mm）雨量级

图 4-7 各雨量级油松人工林单木（冠层饱满）与林地内非单木冠层下穿透率的差异性

Fig. 4-7 Difference of throughfall rate between individual trees（with plump crowns）and the site under the canopy far from individual trees inside the planted Chinese pine forests

表 4-4 各雨量级人工油松、落叶松林单木（冠层饱满）与林地内非单木
冠层下穿透率的方差与均值的差异性检验

Fig. 4-4 Diversity test of variances and means of throughfall rate between individual trees
（with plump crowns）and the site under the canopy far from individual trees inside
the planted Chinese pine, larch forests

树种	雨量级	F 检验			t 检验		
		F	F 单尾临界	$P(F \leqslant f)$ 单尾	t Stat	t 双尾临界	$P(T \leqslant t)$ 双尾
油松	0 ~ 10mm	1.07	8.85	0.53	1.60	2.20	0.14
	10 ~ 25mm	1.37	4.07	0.32	4.23	2.20	0.0014
	25 ~ 50mm	5.51	238.88	0.32	3.01	2.26	0.01
落叶松	0 ~ 10mm	8.33	224.58	0.25	1.64	2.57	0.16
	10 ~ 25mm	11.73	224.58	0.22	0.67	2.57	0.53
	25 ~ 50mm	7.91	7.71	0.05	3.60	4.30	0.07

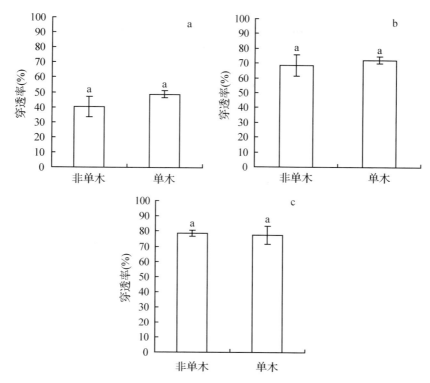

a. 小雨(0～10mm)雨量级；b. 中雨(10～25mm)雨量级；c. 中雨(25～50mm)雨量级
图 4-8　各雨量级落叶松人工林单木(冠层饱满)与林地内非单木冠层下穿透率的差异性
**Fig. 4-8　Difference of throughfall rate between individual trees(with plump crowns) and
the site under the canopy far from individual trees inside the planted larch forests**

4. 2. 4　林分穿透雨的聚集效应分析

　　将研究区降雨收集次数较多(绝大多数超过20次)的各小样地集水槽观测的降雨场数、穿透雨超过对照或宽阔林窗的次数与聚集效应百分比进行整理得到表4-5。可以看出，油松人工林单木与天然次生林中阔叶树种白桦、山杨单木的穿透雨超过林外对照次数百分比接近或超过20%，而油松人工林单木的穿透率超过临近宽阔林窗的次数百分比(%)则达到33%。

　　观测过程中发现，人工油松单木出现聚集效应的情况较常遇。如10号样地油松单木树冠下穿透率有时会超过100%，远远高出紧邻的(在旁边相距5～10m)的宽阔林窗内集雨槽的穿透雨与林外降雨的比值。对10号样地内2株径级标准木单木树冠下与紧邻的2个林窗内的集雨槽收集的穿透雨历次数据进行了整理与对比(图4-9)，发现单木下穿透率超过100%的降雨事件次数远多于林窗穿透雨量与对照雨量的比值超过100%的次数。

表4-5 研究区典型森林部分非林窗小样地穿透雨"聚集效应"分析

Table 4-5 Analysis of "gathering effect" to throughfall of some small sample plots (not forest gaps) in the typical forests

小样地	总数	超过林外对照次数	超过林外对照次数百分比(%)	超过临近林窗（均值）次数	超过临近宽阔林窗次数百分比(%)
1#北	24	2	8.33	—	—
1#南	25	2	8.00	—	—
2#北	28	2	7.14	—	—
2#南	28	2	7.14	—	—
18#单木1	17	1	5.88	3	17.65
天然落叶松#单木1	24	2	8.33	—	—
天然落叶松#单木2	23	3	13.04	—	—
天然白桦#单木1	21	5	23.81	—	—
天然白桦#单木2	23	6	26.09	—	—
天然山杨#单木1	22	6	27.27	—	—
天然山杨#单木2	16	6	37.50	—	—
9#1	21	1	4.76	2	9.52
9#2	21	1	4.76	2	9.52
9#3	20	0	0.00	1	5.00
9#4	21	0	0.00	2	9.52
9#5	21	0	0.00	1	4.76
10#1 单木1	21	5	23.81	7	33.33
10#2 单木2	21	4	19.05	7	33.33

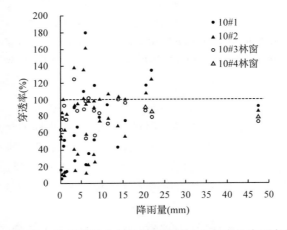

图4-9 10号样地内各径级标准单木与林窗处穿透率

Fig. 4-9 Throughfall rate of class – standard individual trees and forest gaps at No. 10 sample plot

如图4-10所示，根据10号样地测期的实测值，并不是林窗下林内雨量一定大于单木冠层下。当降雨量超过5mm时，单木冠层下穿透雨量超过林窗的次数较多，且降雨量超过20mm的3次降雨量均表现出单木冠层下穿透雨量超过林窗的次数，较大的降雨量可能对造成单木冠层下林内雨量超过林窗有影响。并且，我们的观测结果还显示，当平均降雨强度≤6mm/h(即5.98 mm/h，图4-10)时，单木冠层下的穿透雨量绝大多数情况小于林窗的，而降雨强度≥6mm/h时，单木冠层下的穿透雨量绝大多数情况大于林窗的，如

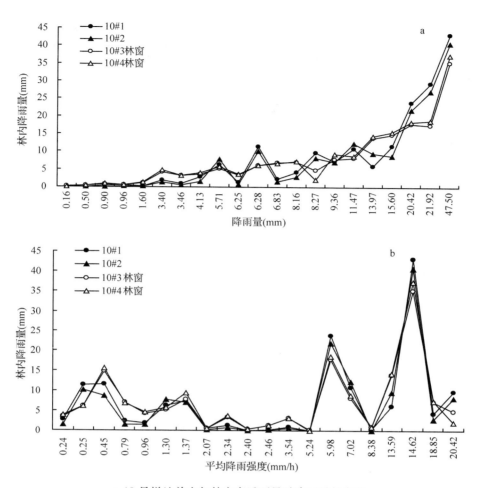

a. 10 号样地单木与林窗穿透雨量随降雨量的变化

b. 10 号样地单木与林窗穿透雨量随平均降雨强度的变化

图 4-10　10 号样地内径级标准单木、林窗穿透雨与降雨量、平均雨强的关系

Fig. 4-10　The relationship between throughfall and precipitation or mean rainfall intensity of class – standard individual trees and forest gaps

图 4-10b 所示，较大的降雨强度很可能是造成冠层下穿透雨聚集效应的主要影响因素。

4.2.5　人工林林内雨穿透率影响因素的逐步回归分析与二次响应曲面精拟合

经前述步骤对取得的数据进行处理与分析后，应用 SAS 软件 9.0 版的逐步回归分析过程 STEPWISE（裴喜春等，1998），以油松人工林与落叶松人工林各小样地林内雨穿透率为因变量，从林分结构因素（含平均胸径、平均树高、平均枝下高、林分郁闭度、林分密度、冠层厚度）、降雨因素（即降雨量级）中筛选与穿透率关系密切的变量与变量组合，为更好地确定 2 种人工林穿透率与林分结构、降雨的关系，提高模拟精度，调用二次响应曲面回归模型过程 RSREG（裴喜春等，1998），用林内雨穿透率与逐步回归分析过程中经 F 检验显著影响穿透率的主要林分结构、降雨指标（由 $X_1 \sim X_7$ 中选出）进行非线性的二次响应曲面精拟合。进行拟合所需实测数据如表 4-6、表 4-7 所列。

表 4-6　研究区油松人工林小样地各雨量级穿透率与对应的林分结构指标

Table 4-6　Throughfall rate at each rainfall class of the small sample plots of planted Chinese pine and the stand structure that they corresponded in study area

小样地	穿透率（%）	平均胸径 X_1（cm）	平均树高 X_2（m）	平均枝下高 X_3（m）	平均冠层厚度 X_4（m）	林分密度 X_5（株/hm²）	林分郁闭度 X_6	雨量级 X_7
3#	32.54	13.3	11.9	5.7	6.2	3300	0.88	1
9#1	45.51	16.0	12.4	7.9	4.5	2000	0.93	1
9#2	43.22	15.7	12.9	8.3	4.6	1900	0.74	1
9#3	49.66	15.6	13.7	8.3	5.4	1300	0.91	1
9#4	37.02	15.9	12.6	7.6	5.0	1500	0.92	1
9#5	48.09	16.9	13.4	7.7	5.6	1400	0.78	1
10#1 单木 1	41.85	15.9	13.5	8.0	5.5	5787	1.00	1
10#2 单木 2	29.38	19.4	13.5	7.0	6.5	1415	1.00	1
10#3 林窗	100.00	18.0	13.1	7.2	5.9	500	0.57	1
10#4 林窗	100.00	17.9	13.1	7.5	5.6	400	0.61	1
12#	35.42	16.7	12.4	5.7	6.8	1500	0.88	1
13#	45.76	16.5	12.5	6.3	6.2	1500	0.73	1
15#	46.10	21.3	11.9	4.8	7.1	1100	0.79	1
12#单木	34.79	20.0	11.0	5.7	5.3	1273	1.00	1
13#单木	41.13	19.4	13.0	5.0	8.0	1455	1.00	1
3#	61.94	13.3	11.9	5.7	6.2	3300	0.88	2
9#1	68.40	16.0	12.4	7.9	4.5	2000	0.93	2
9#2	74.21	15.7	12.9	8.3	4.6	1900	0.74	2
9#3	78.89	15.6	13.7	8.3	5.4	1300	0.91	2
9#4	67.15	15.9	12.6	7.6	5.0	1500	0.92	2
9#5	70.63	16.9	13.4	7.7	5.6	1400	0.78	2
10#1 单木 1	58.67	15.9	13.5	8.0	5.5	5787	1.00	2
10#2 单木 2	62.07	19.4	13.5	7.0	6.5	1415	1.00	2
10#3 林窗	100.00	18.0	13.1	7.2	5.9	500	0.57	2
10#4 林窗	100.00	17.9	13.1	7.5	5.6	400	0.61	2
12#	74.35	16.7	12.4	5.7	6.8	1500	0.88	2
13#	82.06	16.5	12.5	6.3	6.2	1500	0.73	2
15#	81.32	21.3	11.9	4.8	7.1	1100	0.79	2
12#单木	43.70	20.0	11.0	5.7	5.3	1273	1.00	2
13#单木	55.59	19.4	13.0	5.0	8.0	1455	1.00	2
3#	77.49	13.3	11.9	5.7	6.2	3300	0.88	3
9#1	58.84	16.0	12.4	7.9	4.5	2000	0.93	3
9#2	82.67	15.7	12.9	8.3	4.6	1900	0.74	3
9#3	67.88	15.6	13.7	8.3	5.4	1300	0.91	3
9#4	60.32	15.9	12.6	7.6	5.0	1500	0.92	3
9#5	68.13	16.9	13.4	7.7	5.6	1400	0.78	3
10#3 林窗	100.00	18.0	13.1	7.2	5.9	500	0.57	3
10#4 林窗	100.00	17.9	13.1	7.5	5.6	400	0.61	3
12#	69.16	16.7	12.4	5.7	6.8	1500	0.88	3

（续）

小样地	穿透率(%)	平均胸径 X_1(cm)	平均树高 X_2(m)	平均枝下高 X_3(m)	平均冠层厚度 X_4(m)	林分密度 X_5(株/hm²)	林分郁闭度 X_6	雨量级 X_7
13#	84.21	16.5	12.5	6.3	6.2	1500	0.73	3
15#	82.19	21.3	11.9	4.8	7.1	1100	0.79	3
12#单木	47.78	20.0	11.0	5.7	5.3	1273	1.00	3
13#单木	53.59	19.4	13.0	5.0	8.0	1455	1.00	3

表 4-7　研究区落叶松人工林小样地各雨量级穿透率与对应的林分结构指标

Table 4-7　Throughfall rate at each rainfall class of the small sample plots of planted larch and the stand structure that they corresponded in study area

小样地	穿透率(%)	平均胸径 X_1(cm)	平均树高 X_2(m)	平均枝下高 X_3(m)	平均冠层厚度 X_4(m)	林分密度 X_5 (株/hm²)	林分郁闭度 X_6	雨量级 X_7
1#北	33.64	17.2	20.8	15.7	5.1	1600	0.82	1
1#南	41.41	16.7	19.8	14.9	5.0	1600	0.75	1
2#北	43.71	20.9	19.5	10.9	8.6	700	0.62	1
2#南	49.40	18.2	18.7	10.2	8.6	900	0.65	1
4#	33.43	11.1	11.9	5.4	6.5	3100	0.84	1
18#单木 1	47.14	21.8	18	12	6.0	500	0.58	1
18#单木 2	50.49	18.5	13.5	9	4.5	300	0.52	1
18#林窗	100.00	19.8	15.5	8.9	6.6	400	0.49	1
1#北	57.24	17.2	20.8	15.7	5.1	1600	0.82	2
1#南	72.24	16.7	19.8	14.9	5.0	1600	0.75	2
2#北	70.97	20.9	19.5	10.9	8.6	700	0.62	2
2#南	76.37	18.2	18.7	10.2	8.6	900	0.65	2
4#	66.68	11.1	11.9	5.4	6.5	3100	0.84	2
18#单木 1	70.91	21.8	18	12	6.0	500	0.58	2
18#单木 2	73.91	18.5	13.5	9	4.5	300	0.52	2
18#林窗	100.00	19.8	15.5	8.9	6.6	400	0.49	2
1#北	76.72	17.2	20.8	15.7	5.1	1600	0.82	3
1#南	77.36	16.7	19.8	14.9	5.0	1600	0.75	3
2#北	79.46	20.9	19.5	10.9	8.6	700	0.62	3
2#南	81.97	18.2	18.7	10.2	8.6	900	0.65	3
4#	78.29	11.1	11.9	5.4	6.5	3100	0.84	3
18#单木 1	73.49	21.8	18	12	6.0	500	0.58	3
18#单木 2	81.72	18.5	13.5	9	4.5	300	0.52	3
18#林窗	100.00	19.8	15.5	8.9	6.6	400	0.49	3
1#南	98.46	16.7	19.8	14.9	5.0	1600	0.75	4
2#北	89.27	20.9	19.5	10.9	8.6	700	0.62	4
2#南	88.07	18.2	18.7	10.2	8.6	900	0.65	4
4#	99.83	11.1	11.9	5.4	6.5	3100	0.84	4
18#单木 1	83.16	21.8	18	12	6.0	500	0.58	4
18#林窗	100.00	19.8	15.5	8.9	6.6	400	0.49	4

（1）油松人工林穿透率模型的影响指标逐步回归筛选与二次响应曲面精拟合

对表 4-6 中研究区油松人工林小样地各雨量级穿透率与对应的林分结构指标数据进行穿透率与各林分结构指标和雨量级（$X_1 \sim X_7$）的逐步回归分析，寻找与穿透率关系密切的变量与线性回归模型；再建立表 4-7 中穿透率与逐步回归分析过程中经 F 检验显著的主要林分结构指标($X_1 \sim X_6$)和雨量级(X_7)的二次响应曲面回归模型。

油松人工林小样地穿透率逐步回归分析结果如表 4-8 所示。由表 4-8 可知，穿透率模型极显著($P < 0.0001$)，F 值很高。影响油松林穿透率的主要因素是雨量级(X_7)、郁闭度(X_6)与平均树高(X_2)，从决定系数来看，逐步回归模型在引入雨量级(X_7)时，决定系数 R^2 为 0.55，引入郁闭度(X_6)时已达 0.74，表明雨量级(X_7)与郁闭度(X_6)对决定系数贡献较大，为影响油松林穿透率的主要因素，又雨量级(X_7)符号为正，表现正关联性，郁闭度(X_6)符号为负，表现负关联性，且 F 检验表明这 2 个因素均达到极显著水平($P < 0.0001$)，而再引入平均树高(X_2)时仅增加至 0.76m，表明平均树高对穿透率的作用已不明显，且不显著($P = 0.11$)，为次要因素，仅起到增加拟合相关性的作用，于是由逐步回归分析得到研究区油松林穿透率的最优线性回归模型为式(4 - 2)：

$$T_r(\%) = 3.83\,X_2 - 106.07\,X_6 + 11.57\,X_7 + 82.33 \qquad (4 - 2)$$

由于该式是在前面分析过程中将样本数据中单木树冠下样点的郁闭度值近似设为 1 得到的，因此如果使用该式计算单木树冠下的穿透率时，也须将郁闭度值设为 1。

表 4-8　研究区油松人工林小样地穿透率逐步回归分析结果(线性)

Table 4-8　Result of stepwise regression analysis for throughfall rate of small sample plots of planted Chinese pine forest in study area(linear)

	自由度	离差平方和	均方	F 值	显著水平 $P_r > F$
模型	3	14163	4721	41	< 0.0001
误差	39	4488	115		
总	42	18651			

	参数估计	标准差	Ⅱ型离差平方和	F 值	显著水平 $P_r > F$
常数项	82.33	34.25	665.00	5.78	0.02
树高 X_2	3.83	2.36	303.29	2.64	0.11
郁闭度 X_6	-106.07	12.37	8459.25	73.51	< 0.0001
雨量级 X_7	11.57	2.04	3697.28	32.13	< 0.0001

步	引入变量	剔除变量	部分决定系数 Partial R - Square	模型决定系数 Model R - Square(R^2)
1	X_6		0.55	0.55
2	X_7		0.19	0.74
3	X_2		0.016	0.76

由图 4-11 可知，由线性的逐步回归分析得到的回归方程拟合的模拟值与实测值的决定系数 R^2 虽达到 0.76，而从拟合误差来看，所有观测样本的相对误差均值为 14.89%，标准差为 11.65%，其中相对误差较大(超过 20%)的观测样本数占到 30%。

因而再对穿透率与经逐步回归分析筛选得到的影响油松林穿透率的主要的，且经 F 检验达到显著的因素——郁闭度(X_6)与雨量级(X_7)进行二次响应曲面精拟合，得到的油松林穿透率二次响应曲面模型如表 4-9 所示。经二次响应曲面精拟合，模型的决定系数提升至 85%，相对误差均值减为 11.74%，标准差为 9.01%，相对误差超过 20% 的观测样本的比例减至 14%。这样，对于林内某点的穿透率，可得油松人工林林内穿透率二次响应曲面

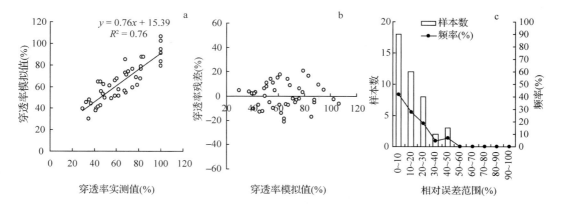

a. 模拟值与实测值的相关性；b. 残差图；c. 相对误差分布

图 4-11 油松人工林小样地穿透率逐步回归分析的拟合

Fig. 4-11 Simulation of throughfall rate of small sample plots of planted Chinese pine forest worked out by stepwise regression analysis

非线性模型［式（4–3）］：

$$T_r(\%) = -436.87\,X_6 + 51.43\,X_7 + 192.18\,X_6^2$$
$$+ 8.73\,X_6\,X_7 - 11.87\,X_7^2 + 230.58 \qquad (4-3)$$

用二次响应曲面模型与林分实测郁闭度、雨量级较可更精确地确定穿透率，对于油松林，该式要求如果计算单木树冠下的穿透率，郁闭度须设为 1。

从残差分析来看，一般残差图分析认为，如果残差图散点落在以 e（残差）$=0$ 为中心的横带里，没有正或负的变化趋势，是一些无规律性的随机性分布的点，则表示模型是适合的正常残差分布图，而如果残差随回归拟合值增加而增大或呈有规律性的系统变化，则说明模型是不适合的（袁志发等，2002）。图 4-11b 中油松林小样地穿透率残差散点近似呈现"Λ"形分布，而二次响应曲面模型的拟合结果的残差图则相对理想（图 4-12b），说明二次响应曲面模型的拟合结果更适合。

表 4-9 研究区油松人工林小样地穿透率二次响应曲面分析结果（非线性）

Table 4-9 Result of response surface quadratic model for throughfall rate of small sample plots of planted Chinese pine forest in study area（nonlinear）

回归部分	自由度 DF	I 型离差平方和	决定系数	F 值	显著水平 $P_r > F$
一次项	2	13860.00	0.74	90.72	<0.0001
二次项	2	1927.10	0.10	12.61	<0.0001
交叉项	1	37.87	0.0020	0.50	0.49
总	5	15825.00	0.85	41.43	<0.0001
剩余部分	自由度	离差平方和	均方		
总误差	37.00	2826.44	76.39		
因素（变量）	自由度	离差平方和	均方	F 值	显著水平 $P_r > F$
X_6	3.00	10258.00	3419.47	44.76	<0.0001
X_7	3.00	5147.46	1715.82	22.46	<0.0001

（续）

参数	自由度	参数估计	标准差	t 值	显著水平 $P_r > \|t\|$
常数项	1	230.58	55.01	4.19	0.0002
X_6	1	−436.87	127.01	−3.44	0.0015
X_7	1	51.43	15.76	3.26	0.0024
$X_6 \times X_6$	1	192.18	76.35	2.52	0.016
$X_7 \times X_6$	1	8.73	12.41	0.70	0.49
$X_7 \times X_7$	1	−11.87	2.81	−4.23	0.0001

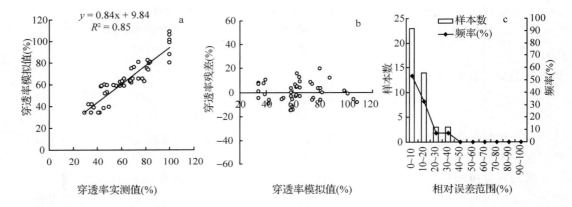

a. 模拟值与实测值的相关性；b. 残差图；c. 相对误差分布

图 4-12　油松人工林小样地穿透率二次响应曲面的拟合

Fig. 4-12　Simulation of throughfall rate of small sample plots of planted Chinese pine forest worked out by response surface quadratic model

（2）落叶松人工林穿透率模型的影响指标逐步回归筛选与二次响应曲面精拟合

仿油松林，对表 4-7 中落叶松穿透率相关数据进行穿透率与各林分结构指标和雨量级（$X_1 \sim X_7$）的逐步回归分析，分析结果参见表 4-10。引入雨量级 X_7 时，模型决定系数 R^2 达到 0.56，林分郁闭度 X_6 后 R^2 已达 0.68，引入平均胸径 X_1 时 R^2 超过 70%，我们认为雨量级 X_7、林分郁闭度 X_6 与平均胸径 X_1 为影响研究区落叶松人工林林内雨穿透率的主要因素，又雨量级（X_7）符号为正，表现正关联性，郁闭度（X_6）、平均胸径（X_1）符号为负，表现负关联性。主要因素中又以雨量级 X_7 与林分郁闭度 X_6 贡献、作用最大，以后再引入后 2 个变量平均树高 X_2 与林分密度 X_5 后 R^2 增幅大大减小，为辅助因素，可起到提高拟合精度的作用。筛选所保留的 5 个指标均达到显著（$P < 0.05$），于是这样得到穿透率最优线性逐步回归方程式（4-4）：

$$T_r(\%) = -4.75\,X_1 + 4.99\,X_2 + 0.02\,X_5 - 326.01\,X_6 + 13.19\,X_7 + 227.07$$

$$(4-4)$$

表 4-10 研究区落叶松人工林小样地穿透率逐步回归分析结果（线性）
Table 4-10 Result of stepwise regression analysis for throughfall rate of small sample plots of planted larch forest in study area(linear)

	自由度	离差平方和	均方	F 值	显著水平 $P_r > F$
模型	5	9659.47	1931.89	18.61	<0.0001
误差	24	2490.79	103.78		
总	29	12150			

	参数估计	标准差	II 型离差平方和	F 值	显著水平 $P_r > F$
常数项	227.07	48.54	2270.84	21.88	<0.0001
平均胸径 X_1	−4.75	2.22	475.77	4.58	0.043
平均树高 X_2	4.99	1.84	767.77	7.40	0.012
林分密度 X_5	0.025	0.012	451.17	4.35	0.048
林分郁闭度 X_6	−326.01	85.40	1512.25	14.57	0.0008
雨量级 X_7	13.19	1.74	5951.53	57.35	<0.0001

步	引入变量	剔除变量	部分决定系数 Partial R – Square	模型决定系数 Model R – Square
1	X_7		0.56	0.56
2	X_6		0.12	0.68
3	X_1		0.051	0.73
4	X_2		0.029	0.76
5	X_5		0.037	0.80

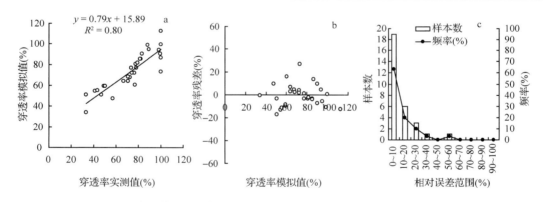

a. 模拟值与实测值的相关性； b. 残差图； c. 相对误差分布

图 4-13 落叶松人工林小样地穿透率逐步回归分析的拟合
Fig. 4-13 Simulation of throughfall rate of small sample plots of planted larch forest worked out by stepwise regression analysis

落叶松林小样地线性逐步回归方程的 R^2 已达 0.8，但相对误差超过 20% 的观测样本数占到 16.67%，且落叶松林穿透率残差散点近似呈现"Λ"形分布（图 4-13b），模型不太适合，因此再用二次响应曲面拟合。先用逐步回归分析过程中经 F 检验显著的指标（X_1、X_2、X_5、X_6、X_7）的二次响应曲面模型，发现结果 R^2 虽超过 90%，但残差图中散点分布在图中偏上部位，故不用。鉴于平均树高 X_2 与林分密度 X_5 对 R^2 贡献很小，虽经 F 检验显著，但考虑应使二次响应曲面拟合用指标尽量精简，并且林分密度 X_5 与穿透率表现正关联（系数为正）与实际情况不符，因此不用平均树高 X_2 与林分密度 X_5，而只用影响研究区落叶松林小样地穿透率的关键指标 X_1、X_6、X_7 进行再拟合，分析结果如表 4-11 所示，模型如式 (4-5) 所示。

表 4-11　研究区落叶松人工林小样地穿透率二次响应曲面分析结果（非线性）

Table 4-11　Result of response surface quadratic model for throughfall rate of small sample plots of planted larch forest in study area（nonlinear）

回归部分	自由度	I 型离差平方和	决定系数 $R-Square$	F 值	显著水平 $P_r > F$
一次项	3	8853.43	0.73	68.54	<0.0001
二次项	3	514.57	0.043	3.98	0.023
交叉项	3	1921.16	0.16	14.87	<0.0001
总	9	11289	0.93	29.13	<0.0001
剩余部分	自由度	离差平方和	均方		
总误差	20	861.10	43.06		
因素（指标）	自由度	离差平方和	均方	F 值	显著水平 $P_r > F$
X_1	4	1138.53	284.63	6.61	0.0015
X_6	4	3450.58	862.65	20.04	<0.0001
X_7	4	7631.93	1907.98	44.31	<0.0001
参数	自由度	参数估计	标准差	t 值	显著水平 $P_r > |t|$
常数项	1	-3325.04	747.83	-4.45	0.0002
X_1	1	238.36	48.53	4.91	<0.0001
X_6	1	3807.61	941.21	4.05	0.0006
X_7	1	-13.76	20.54	-0.67	0.51
$X_1 \times X_1$	1	-3.57	0.71	-5.01	<0.0001
$X_6 \times X_1$	1	-165.96	34.33	-4.83	0.0001
$X_6 \times X_6$	1	-751.84	266.43	-2.82	0.011
$X_7 \times X_1$	1	0.40	0.56	0.70	0.49
$X_7 \times X_6$	1	55.24	15.84	3.49	0.0023
$X_7 \times X_7$	1	-3.30	1.22	-2.70	0.014

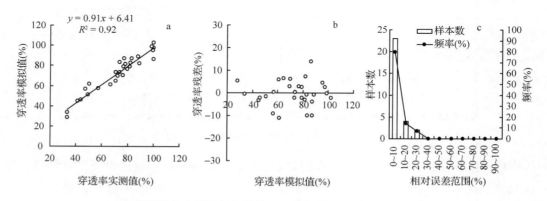

a. 模拟值与实测值的相关性；b. 残差图；c. 相对误差分布

图 4-14　落叶松人工林小样地穿透率二次响应曲面的拟合

Fig. 4-14　Simulation of throughfall rate of small sample plots of planted larch forest worked out by response surface quadratic model

$$T_r(\%) = 238.36 X_1 + 3807.61 X_6 - 13.76 X_7 - 3.57 X_1^2 - 165.96 X_6 X_1 -$$
$$751.84 X_6^2 + 0.40 X_7 X_1 + 55.24 X_7 X_6 - 3.30 X_7^2 - 3325.04 \qquad (4-5)$$

这个模型不仅 R^2 很高，只涉及 3 个影响穿透率的 3 个主要指标，而且残差分布比较均匀（图 4-14），相对误差超过 20% 的观测样本数只占 6.9%。

4.2.6 用二次响应曲面与林分结构指标确定人工林样地中雨雨量级（10~25mm）穿透率

根据二次响应曲面公式（4-3）与式（4-5），代入相应的各人工林样地的样地林分结构指标（附1），确定各人工林样地中雨雨量级（10~25mm，令雨量级 $X_7 = 2$）穿透率。得到对各人工林样地中雨雨量级穿透率的模拟结果，再计入前文统计的 $1\,hm^2$ 天然次生林大样地中雨雨量级的穿透率 68.39%，见表 4-12。

表 4-12 研究区 3 种林分各样地中雨雨量级穿透率

Table 4-12 Throughfall rate at mid – rainfall class of the sample plots of 3 kinds of forests in study area

样地编号	中雨雨量级穿透率（%）	样地编号	中雨雨量级穿透率（%）
1	69.70	3	68.27
2	83.94	9	67.51
4	66.68	10	75.75
18	90.19	12	72.34
S	68.39	13	82.84
		15	74.60

注：4 号样地模拟值为 101.93，明显与实际不符，按 4# 槽中雨雨量级的实测值 66.68 计；10 号样地模拟值为 101.30，超过 100%，与实际不符，按郁闭度分权式：$(58.67 + 62.07)/2 \times 0.6118 + 100 \times (1 - 0.6118)$ 计算，其中 58.67 与 62.07 分别为 10#1 单木 1 与 10#2 单木 2 两个集雨槽中雨雨量级穿透率，100 为林窗下穿透率，0.6118 为 10 号样地郁闭度。

4.2.7 穿透雨实验数据精度检验

观测误差在近些年森林穿透雨研究中得到了较高重视，一般对观测误差的要求为 5% 或 10%（Rodrigo A 等，2001；Holwerda F 等，2006；Kimmins J P 等，1973）。本研究采用集雨槽进行穿透雨的观测，集雨槽增大了集雨面积，故不采用一般用于检验集雨口面积较小（标准雨量筒口面积 $314\,cm^2$）、集雨器布设较多的 T 检验方式（战伟庆等，2006；Zimmermann B 等，2010），而采用我国国家林业局发布的《中华人民共和国林业行业标准——森林生态系统长期定位观测方法》（LY/T 1952—2011）中关于布设雨量仪器个数与集雨口与代表的区域面积比、精度、变异系数的关系公式（4-6）（国家林业局，2011）进行检验。

$$n \geqslant \frac{N}{1 + N\dfrac{\alpha^2}{C^2}} \qquad (4-6)$$

式（4-6）中：n 为需要的观测计（器）数；N 为抽采样本所代表的区域大小，$N = A/a$。其中，A 为调查区面积，m^2；a 为观测计（器）受雨口面积，m^2；α 为精度（观测误差）；C

为变异系数(样本标准差/样本平均差)。

将公式(4-6)换成等式进行变换,得到精度即观测误差与变异系数的关系(4-7):

$$\alpha = C \sqrt{\frac{1}{n} - \frac{1}{N}} \qquad (4-7)$$

研究中使用集水槽口面积为 $20cm \times 78cm = 0.156m^2$,以各集水槽置于 $10m \times 10m = 100m^2$ 的小样地中心,以 $0.156m^2$ 的受雨面积收集 $100m^2$ 面积的穿透雨,因此 $N = 100/0.156 = 641$,而油松林小样地 $n = 15$,落叶松林小样地 $n = 8$。变异系数可以取冠层达到饱和时的取值(战伟庆等,2006)。我们在分析过程中以实验中既定 N、n 值为基础,分变异系数取冠层饱和、穿透率变异系数恒定时,变异系数取保证精度为 0.1(战伟庆等,2006)的临界状态时两种情况进行试算,检验小样地对穿透率的实测效果(表4-13),试算中由图 4-3d 与图 4-4d 中拟合公式与研究区人工油松、落叶松林穿透率变异系数与对应降雨量的关系估计两种情况对应的临界降雨量。

表 4-13　实验中小样地穿透雨观测的观测误差(精度)
Table 4-13　Error(precision) of throughfall observed by small sample plots in the experiment

小样地类型	参数	参数取值约束	
		冠层饱和、穿透率变异系数恒定时	保证精度为 0.1 时
油松人工林	变异系数	约 0.17	0.38
	变异系数对应的起始临界降雨量(mm)	12.80	2.23
	精度(误差)	0.043	0.10
落叶松人工林	变异系数	约 0.10	0.29
	变异系数对应的起始临界降雨量(mm)	11.51	1.14
	精度(误差)	0.035	0.10

如表 4-13 所示,如果以冠层饱和、穿透率变异系数恒定时的情况看,虽然观测精度很高(2 种林分小样地观测误差 <5%),但该精度保证的降雨量对应的起始临界降雨量较大,对应反映的降雨量范围就较小;而如果考虑使观测精度在 0.1 以内,基于我们现有的观测条件与布设方式(即实际采取的 N 与 n 值),可以满足油松人工林 0.38 的变异系数与落叶松人工林 0.29 的变异系数,它们对应的起始临界降雨量分别仅为 2.23mm 与 1.14mm,所保证的降雨量范围很大,因此认为可以满足观测的需要。

4.3　林分树干茎流率分析与中雨雨量级(10~25mm)树干茎流率的求算

在确定油松人工林与落叶松人工林树干茎流率(或简称干流率)与降雨因素变量——即雨量级赋值、林分结构因素变量——包括树高、枝下高、胸径、冠幅与雨量级的量化关系的过程中发现,2 种人工林 5~10mm 亚雨量级的树干茎流率与邻近的 0~5mm、10~15mm 亚雨量级的树干茎流率差异出现较多不显著情况(详细表略)。忽略这种情况仍按标准雨量级的划分给各雨量级赋值。

逐步回归分析(不列公式)对油松人工林穿透率模拟的决定系数 R^2 较低，为 0.5231，只有冠幅与雨量级 2 个变量在水平 $P = 0.05$ 显著，因此用这 2 个变量做二次响应曲面，通过二次响应曲面拟合使决定系数 R^2 增加至 0.7123，研究区油松人工林穿透率二次响应曲面拟合公式如式(4 - 8)所示。

$$SF_r = -4.91GF + 7.52YLJ + 0.88GF^2$$
$$-1.35GF \times YLJ - 0.36YLJ^2 + 3.48 \qquad (4-8)$$

式(4 - 8)中：SF_r 为树干茎流率，%；GF 为冠幅，m；YLJ 为雨量级赋值。

逐步回归分析(不列公式)对落叶松人工林穿透率模拟的决定系数 R^2 为 0.6520，在水平 $P = 0.05$ 显著的变量有树高、冠幅与雨量级，用这 3 个变量再做二次响应曲面，通过二次响应曲面拟合使决定系数 R^2 增加至 0.6807，研究区落叶松人工林穿透率二次响应曲面拟合公式如式(4 - 9)所示。

$$SF_r = 0.0083SG - 0.28GF + 0.099YLJ - 0.0021SG^2 + 0.010SG \times GF +$$
$$0.011GF^2 + 0.011SG \times YLJ - 0.040GF \times YLJ + 0.017YLJ^2 + 0.61 \qquad (4-9)$$

式(4 - 9)中：SF_r 为树干茎流率，%；SG 为树高，m；GF 为冠幅，m；YLJ 为雨量级赋值。

根据式(4 - 8)与式(4 - 9)及各人工林样地对应于式中的林分结构因素变量求算的各人工林样地的中雨雨量级(即将 YLJ 代入 2)，再计入经统计得到的 1hm^2 次生林样地主要 3 种优势树种各径级标准木的中雨雨量级的树干茎流率取平均得到表 4-14。

表 4-14　研究区 3 种林分各样地中雨雨量级树干茎流率
Table 4-14　Stemflow rate at mid - rainfall class of the sample plots
of 3 kinds of forests in study area

样地编号	中雨雨量级树干茎流率(%)	样地编号	中雨雨量级树干茎流率(%)
1	0.37	3	0.77
2	0.20	9	3.21
4	0.041	10	3.88
18	0.16	12	2.78
S	0.37	13	2.13
		15	1.17

4.4　中雨雨量级（10~25mm）林分截留散失率推算

根据一般的林分水量平衡公式——式(4 - 10)中截留散失量(或截留量)与降雨量、穿透雨量、树干茎流量(或干流量)的关系可得到截留散失率(或截留率)与穿透雨率、树干茎流率(或干流率)的关系，将式(4 - 10)两边除以降雨量 P，得到式(4 - 11)。

$$I = P - TF - SF \qquad (4-10)$$

式(4 - 10)中：I 为截留散失量；P 为降雨量；TF 为穿透雨量；SF 为树干茎流量。

$$I_r = 1 - T_r - SF_r \qquad (4-11)$$

式(4 - 11)中：I_r 为截留散失率；T_r 为穿透雨率；SF_r 为树干茎流率。

根据前文由二次响应曲面得到的各人工林样地的中雨雨量级穿透率、中雨雨量级树干茎流率,由公式(4-11)可得到各人工林样地中雨雨量级(10~25mm)林分截留散失率,如表4-15所示。

表4-15 研究区3种林分各样地中雨雨量级截留散失率
Table 4-15 Interception rate at mid - rainfall class of sample plots of 3 kinds of forests in study area

样地编号	中雨雨量级截留散失率(%)	样地编号	中雨雨量级截留散失率(%)
1	29.94	3	30.96
2	15.86	9	29.27
4	33.28	10	20.37
18	9.65	12	24.88
S	31.24	13	15.02
		15	24.23

4.5 林地枯落物饱和持水率

实验测定的各样地未分解层与半分解层各坡位枯落物放缩至2011年的自然含水率与饱和持水率(最大持水率)如表4-16所示。另外通过枯落物持水实验发现,枯落物自开始吸水以后的24h内,未分解层的吸水速率一般大于半分解层的吸水速率(图略)。

表4-16 各样地未分解层与半分解层枯落物放缩至2011年的自然含水率与饱和持水率
Table 4-16 Water content that was constrained scaling to 2011 and saturated water content of undecomposed layer and semidecomposed layer of forest litter layers in the sample plots

样地编号	饱和持水率(%)		放缩至2011年的自然含水率(%)	
	未分解层	半分解层	未分解层	半分解层
1	17.93 ± 0.74	25.09 ± 8.27	170.42 ± 24.11	201.23 ± 109.05
2	21.33 ± 4.64	42.96 ± 21.58	163.77 ± 16.46	204.09 ± 124.04
3	25.28 ± 11.67	22.60 ± 5.78	197.23 ± 21.22	294.97 ± 32.10
4	28.42 ± 7.27	28.42 ± 7.27	344.03 ± 27.93	320.94 ± 53.96
9	12.61 ± 1.42	32.19 ± 21.27	182.05 ± 66.85	146.66 ± 60.44
10	10.53 ± 4.36	35.80 ± 2.03	178.82 ± 26.71	161.34 ± 61.56
12	15.58 ± 7.21	36.68 ± 8.32	221.73 ± 35.82	184.33 ± 69.93
13	9.97 ± 1.83	31.58 ± 8.27	179.82 ± 42.42	94.14 ± 43.32
15	10.80 ± 2.46	44.85 ± 23.52	249.57 ± 57.32	178.78 ± 53.79
18	48.02 ± 9.03	41.58 ± 6.69	335.09 ± 47.14	168.39 ± 13.09
S	37.05 ± 9.95	59.83 ± 21.23	360.26 ± 29.87	221.62 ± 15.10

注:数据为均值±标准差。

4.6 林地土壤饱和持水率

实验测定的各样地放缩统一到2011年的土壤自然含水率与土壤饱和持水率(最大持水率)如表4-17所示。

表 4-17　各样地放缩统一到 2011 年的土壤含水率与饱和持水率

Table 4-17　Soil water content that was constrained scaling to 2011 and saturated water content of soil in the sample plots

样地编号	放缩统一到 2011 年的土壤含水率（%）	饱和持水率（%）
1	25.18 ± 5.10	47.62 ± 9.19
2	24.05 ± 3.78	44.02 ± 9.53
3	18.15 ± 4.88	48.46 ± 7.26
4	19.15 ± 1.02	54.39 ± 6.83
9	16.58 ± 3.07	45.26 ± 2.44
10	30.38 ± 8.74	67.44 ± 12.87
12	22.08 ± 4.56	49.90 ± 6.76
13	22.77 ± 5.92	50.00 ± 8.37
15	25.38 ± 4.62	55.28 ± 6.76
18	29.42 ± 4.37	62.26 ± 9.93
S	24.26 ± 6.34	51.01 ± 22.30

注：数据为均值 ± 标准差。

4.7　油松人工林林内蒸散

通过在 2011 年 7 ~ 9 月植物生长季间对研究区北部草坡，南部 9 号、10 号油松人工林样地及 9、10 号样地外的南部灌草对照坡面的自制简易蒸散装置内筒的连续称重测定，得到 6 个测点的蒸散速率，如图 4-15 与图 4-16 所示。

由图 4-15 可知，在 7 ~ 9 月植物生长季的昼间，油松人工林（即 9、10 号样地内的 4 个测点）的林内水分蒸散速率在绝大部分观测时段小于研究区的无林地（南部草坡对照测点与北部草坡测点），这与一般经验相符；对于油松人工林内的测点，处于经营后期的 10 号样地覆盖枯落物且植入灌草处理（10#枯）的蒸散速率维持在相对较高的水平，与一般经验相符——林分密度较小的样地由于林冠对太阳辐射的阻挡面积小，蒸散速率也就小；9 号样地只覆盖枯落物处理（9#枯）的某些时段的蒸散速率，如 7 月 26 日、8 月 10 日、8 月 16 日的蒸散速率远高于油松人工林内的其他 3 个测点，原因不明。

由图 4-16 可知，在 7 ~ 9 月植物生长季的夜间，油松人工林（即 9、10 号样地内的 4 个测点）的林内水分蒸散速率在多于半数的观测时段小于研究区的无林地（南部草坡对照测点与北部草坡测点）；10 号样地只覆盖枯落物处理（10#枯）的个别时段（7 月 15 日至 7 月 16 日夜、7 月 26 日至 7 月 27 日夜）的蒸散速率远超过油松人工林内的其他 3 个测点，原因不明。

经对自制简易蒸散装置的称重、计算得到 2011 年 7 ~ 9 月间研究区林外坡地的平均昼间蒸散速率为 0.22mm/h，标准差为 0.11mm/h；代表性油松人工林（9、10 号样地）平均昼间蒸散速率为 0.09mm/h，标准差为 0.10mm/h。2011 年 7 ~ 9 月间研究区林外坡地的平均夜间蒸散速率为 0.065mm/h，标准差 0.066mm/h；代表性油松人工林（9、10 号样地）平均夜间蒸散速率为 0.026mm/h，标准差 0.024mm/h。

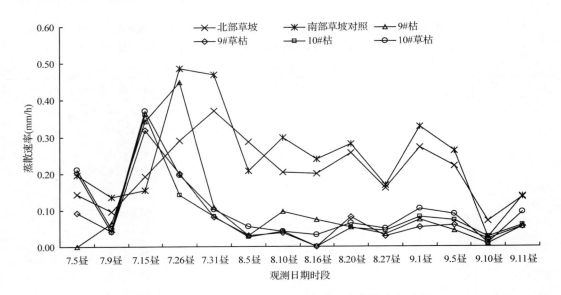

图 4-15　2011 年 7～9 月间 6 个测点的昼间蒸散速率动态

Fig. 4-15　Dynamic of day – time evapotranspiration rate of 6 sites from July to September in 2011

注：图例中 9#枯、9#草枯、10#枯、10#草枯分别代表 9 号样地只覆盖枯落物的蒸散装置、9 号样地覆盖枯落物且植入灌草的蒸散装置、10 号样地只覆盖枯落物的蒸散装置、10 号样地覆盖枯落物且植入灌草的蒸散装置；观测日期时段格式为"月.日昼或夜"。

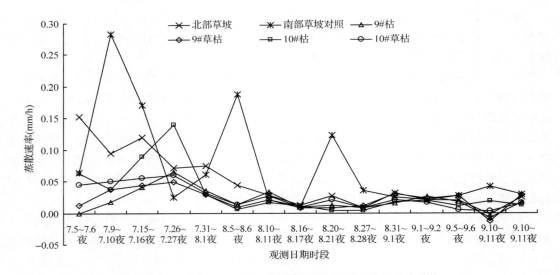

图 4-16　2011 年 7～9 月间 6 个测点的夜间林内蒸散速率动态

Fig. 4-16　Dynamic of night – time evapotranspiration rate of 6 sites from July to September in 2011

注：图例中 9#枯、9#草枯、10#枯、10#草枯分别代表 9 号样地只覆盖枯落物的蒸散装置、9 号样地覆盖枯落物且植入灌草的蒸散装置、10 号样地只覆盖枯落物的蒸散装置、10 号样地覆盖枯落物且植入灌草的蒸散装置；观测日期时段格式为"月.日昼或夜"。

第 5 章

降雨分配及环境变量与林分结构变量耦合

　　用因子分析对各样地的多指标数据进行降维的过程中，用 MSA 语句打印被所有其余变量控制的每对变量间的偏相关和抽样适当的 Kaiser 量度(或称 KMO)(高慧璇等，1997)，MSA 是偏相关相对普通相关有多大的概述，大于 0.8 的值认为是好的，小于 0.5 的值需要采取补救措施，或者删除一些违法的变量，或者引入与违法变量有联系的其他变量(高慧璇等，1997)。据袁志发等研究，主成分可以用来筛选变量，特征值接近 0(如书中例举 0.0156)的主成分近似具有多重共线性，可将这样的主成分中权重较大的变量删除，删除该变量后再进行主成分分析效果要好(袁志发等，2002)。

5.1　林分结构变量因子分析

　　用前文总结的研究区各样地优势乔木树种的平均树高、平均胸径、平均枝下高、角尺度、林分密度、郁闭度、平均树龄、树种数 8 个植物环境功能变量做因子分析，Kaiser 量度 = 0.56，超过了一般的基本要求 0.5，将该 8 个林分结构变量作为因子分析变量，整理后如表 5-1 所示。主成分特征值、方差贡献率、因子旋转后降雨分配变量因子解释的方差与因子中变量的载荷如表 5-2 与表 5-3 所示，因子得分阵与由因子得分阵求得的各样地因子得分数值列表略(后分析同)。

表 5-1　经变量筛选后做因子分析的林分结构变量

Table 5-1　Forest stand structure variables that was used for factor analysis after selection

样地编号	树高（m）	胸径（cm）	枝下高（m）	角尺度	密度（株/hm²）	郁闭度	平均林龄（年）	树种数
1	18.5	16.7	15.0	0.4654	1394	0.76	44	2
2	19.8	20.1	12.2	0.4817	701	0.58	47	3
3	9.5	13.6	6.0	0.5146	2483	0.85	33	2
4	10.0	11.3	4.2	0.4469	2000	0.89	30	1
9	12.4	15.4	5.9	0.4871	1408	0.86	38	1
10	13.02	17.6	5.8	0.4261	600	0.61	43	1
12	11.4	15.1	4.9	0.4627	1815	0.81	41	3
13	13.3	17.8	6.1	0.4558	1080	0.73	42	2
15	11.2	17.2	4.1	0.4488	928	0.79	43	3
18	15.4	19.4	8.9	0.4167	300	0.52	41	3
S	12.2	16.5	6.5	0.5340	796	0.85	46	12

表 5-2　林分结构变量主成分特征值与方差贡献率

Table 5-2　Eigenvalues and variance contribution ratio of the principal
components of forest stand structure variables

主成分序	特征值	方差贡献率	累积方差贡献率
1	4.3735	0.5467	0.5467
2	1.8539	0.2317	0.7784
3	1.1698	0.1462	0.9246
4	0.2434	0.0304	0.9551
5	0.2210	0.0276	0.9827
6	0.0882	0.0110	0.9937
7	0.0301	0.0038	0.9975
8	0.0201	0.0025	1.0000

表 5-3　因子旋转后林分结构变量因子解释的方差与因子中变量的载荷

Table 5-3　Rotated factor pattern and variance explained by each
factor of forest stand structure variables

因子意义、变异及变量	旋转后因子 1	旋转后因子 2	旋转后因子 3
因子意义描述	经营因子	林木高生长状况因子	近自然化因子
旋转后因子解释的方差	3.3733	2.1589	1.8651
平均树高	−0.4548	0.8737	−0.0716
平均胸径	−0.8799	0.3961	−0.0236
平均枝下高	−0.1637	0.9679	0.0225
角尺度	0.3696	0.1161	0.8712
林分密度	0.9654	−0.0921	0.0214
郁闭度	0.7662	−0.3458	0.4219
平均树龄	−0.7828	0.3808	0.3501
树种数	−0.3119	−0.1234	0.8938

根据表 5-3 可知，因子旋转后的林分结构因子中，旋转后因子 1 中林分密度正载荷极大、郁闭度正载荷较大，平均胸径的负载荷极大、平均树龄的负载荷较大，该因子值大说明林分密度大，郁闭度较大，胸径小，林龄较小，对于人工林来说是反映人工林经营初期时或林龄较小时的结构状态，对于天然次生林可反映次生林世代交替初期不加人工干扰（同封育保护措施）任其自由生长的林分结构状态，因此概括为经营结构因子。旋转后因子 2 中平均枝下高、平均树高的正载荷很大，林分平均胸径有不很大的正载荷，枝下高即第一活枝的高度，林木在向上生长时，下部枝条受上部枝条遮盖受光困难而枯萎。据实地观察，在较密的林分（如 1、2、3 号样地）中尤其明显，笔者认为与树高相比载荷相对较高的枝下高可视为反映林木因竞争光照资源而加速高生长的量度，该因子中平均枝下高的载荷略高于平均树高，平均枝下高与平均树高载荷均很大，说明该因子值大反映林分中优势乔木树种的高生长状况良好，为林木高生长状况结构因子。旋转后因子 3 中角尺度、树种数的载荷很大，该因子值大集中反映林分的角尺度较大或树种数较多，而角尺度 W 从范围 $\{W \mid W < 0.475\}$ 到 $\{W \mid 0.475 < W < 0.517\}$ 再到 $\{W \mid W > 0.517\}$ 时的增大，在水平面上分别对应由均匀分布到随机分布再到团状分布（岳永杰等，2009；Gadow K V，2002）的转化，是近自然化增强的表现，而树种数较大也是近自然化强的反映，因此旋转后因子 3 为反映近自然化程度的因子。相关地，据黄清麟等（2005）研究，森林可持续经营系统简单分为 2 种，一种称为轮伐森林经营系统（RFM），特征是周期性的皆伐与人工更新；另一种称为连续覆盖林业系统（CCF），特征是择伐和天然更新，表现为异龄林结构和多树种森林。最古老和最完美的连续覆盖林业系统的例子是在法国、瑞士、斯洛文尼亚和德国被称为"择伐林"的森林，已经有很长历史（Gadow K V，2002）。德国现在正在实现由轮伐森林经营系统向连续覆盖林业系统的转变。近自然森林经营特征中包含"利用自然过程（如天然更新和天然整枝）"、"放弃同龄林和单纯林等内容"。笔者认为，在划分与人工经营有关的林分的结构变量时，考虑将变量归纳入体现人为主导的、有序的经营干扰的经营因子与自然主导的、无序的近自然化因子有利于问题的概化分析，有助于把握问题分析的主线。

将研究区各样地旋转后因子 1、2、3 的标准化因子得分，分旋转后因子 1、2，旋转后因子 1、3 做二维散点图，如图 5-1 所示。

综合图 5-1a 与图 5-1b 中各样地值点的横坐标——"经营因子"，可以林分密度、郁闭度大的 3、4 号样地值点分布于图右侧；处于经营初期，1、9、12 号样地值点的林分密度较大，分布偏右；经过多次抚育间伐，密度较小的 10、18 号样地值点分布在图中左侧，处于经营后期；次生林林内优势树种可能靠自然自疏作用调节，其样点分布偏左。

通过观察图 5-1a 中各样地值点的纵坐标——"林木高生长状况因子"可知，1、2 号落叶松林样地的林木高生长状况较好，而 4、15 号样地的高生长状况较差。

通过观察图 5-1b 中各样地值点的纵坐标"近自然化因子"，很明显看出次生林样地值点分布靠上，近自然化因子分值很高；伴生有白桦或蒙古栎等阔叶树种的 1、2、12 号人工林样地，有落叶松混生且角尺度突出较大的 3 号油松人工林样地在人工林中有较高的近自然化因子分值，它们的值点分布在纵坐标方向的中下部；而表现出很强的人工林特征的 4、10、18 号样地的自然化因子分值很低，它们的值点分布在纵坐标方向的中下部，由数据可知，4、10 号样地的主要人工化特征是树种单一（它们的树种数 =1），而 18 号样地的主要人工化特征是角尺度最小，其角尺度 =0.4167 也小于 0.475，为典型的均匀分布。

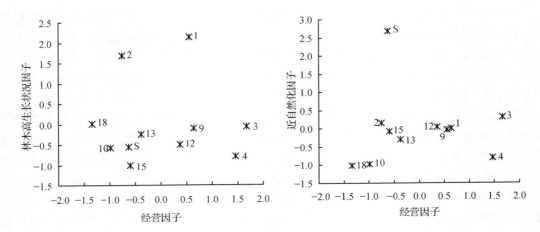

a. 经营因子得分×林木生长状况因子得分；b. 经营因子得分×近自然化因子得分

图 5-1　研究区各样地林分结构因子得分二维排序

**Fig. 5-1　Ordination at two dimensions of scoring of stand structure
factors of the sample plots in study area**

注：图中标 1、2、4、18 的散点分别代表 1、2、4、18 号落叶松人工林样地；图中标 3、9、10、12、
13、15 的散点分别代表 3、9、10、12、13、15 号油松人工林样地；S 代表 1hm² 天然次生林样地。

5.2　林分降雨分配功能变量因子分析

用前文总结的研究区各样地中雨雨量级穿透率、中雨雨量级干流率、中雨雨量级截留散失率、未分解层枯落物放缩统一到 2011 年后的含水率、半分解层枯落物放缩统一到 2011 年后的含水率、未分解层枯落物饱和持水率、半分解层枯落物饱和持水率、放缩统一到 2011 年后的土壤含水率、土壤饱和持水率 9 个降雨分配功能变量做因子分析。用 FAC-TOR 过程首次对 9 个变量做因子分析时，Kaiser 量度 = 0.23；再对 9 个变量做主成分分析得到特征值最小的第 9 个主成分的特征值 = 0.00000001 ≈ 0，第 9 个主成分中的中雨雨量级穿透率与中雨雨量级截留散失率 2 个变量权重最大，分别为 0.7027 与 0.7006。由于穿透率与截留散失率本身负相关较强，又考虑到实际情况——在有干流率的情况下应对应保留穿透率，故剔除中雨雨量级截留散失率而保留中雨雨量级穿透率。于是剩余 8 个变量。再做因子分析得到 Kaiser 量度 = 0.29，再用 8 个变量做主成分分析得到特征值最小的第 8 个主成分的特征值 = 0.0176 ≈ 0，第 8 个主成分中的土壤饱和持水率权重最大，为 -0.5374，剔除其后剩余 7 个变量。再做因子分析得到 Kaiser 量度 = 0.60，大于一般的基本要求 0.5，而这时再对 7 个变量做主成分分析得到特征值最小的第 7 个主成分的特征值 = 0.12，认为已不可视为接近 0，于是变量筛选停止，用剩余的 7 个降雨分配功能变量作为因子分析变量，整理后列于表 5-4。主成分特征值、方差贡献率、因子旋转后降雨分配变量因子解释的方差与因子中变量的载荷如表 5-5 与表 5-6 所示。

表5-4　经变量筛选后做因子分析的降雨分配功能变量

Table 5-4　Forest water allocation functional variables that was used for factor analysis after selection

样地编号	中雨雨量级穿透率(%)	中雨雨量级干流率(%)	未分解层枯落物放缩统一到2011年后的含水率(%)	半分解层枯落物放缩统一到2011年后的含水率(%)	未分解层枯落物饱和持水率(%)	半分解层枯落物饱和持水率(%)	放缩统一到2011年后的土壤含水率(%)
1	69.70	0.37	17.93	25.09	170.42	201.23	25.18
2	83.94	0.20	21.33	42.96	163.77	204.09	24.05
3	68.27	0.77	25.28	22.60	197.23	294.97	18.15
4	66.68	0.041	28.42	28.42	344.03	320.94	19.15
9	67.51	3.21	12.61	32.19	182.05	146.66	16.58
10	75.75	3.88	10.53	35.80	178.82	161.34	30.38
12	72.34	2.78	15.58	36.68	221.73	184.33	22.08
13	82.84	2.13	9.97	31.58	179.82	94.14	22.77
15	74.60	1.17	10.80	44.85	249.57	178.78	25.38
18	90.19	0.16	48.02	41.58	335.09	168.39	29.42
S	68.39	0.37	37.05	59.83	360.26	221.62	24.26

表5-5　降雨分配功能变量主成分特征值与方差贡献率

Table 5-5　Eigenvalues and variance contribution ratio of the principal components of forest water allocation functional variables

主成分序	特征值	方差贡献率(%)	累积方差贡献率(%)
1	2.7844	0.3978	0.3978
2	2.2317	0.3188	0.7166
3	0.8907	0.1272	0.8438
4	0.4427	0.0632	0.9071
5	0.3743	0.0535	0.9606
6	0.1517	0.0217	0.9822
7	0.1244	0.0178	1.0000

表5-6　因子旋转后降雨分配功能变量因子解释的方差与因子中变量的载荷

Table 5-6　Rotated factor pattern and variance explained by each factor of forest water allocation functional variables

因子意义、方差及变量	旋转后因子1	旋转后因子2	旋转后因子3
因子意义	枯落物蓄水功能因子	冠层降雨分配功能因子	枯落物水分状态因子
旋转后因子解释的方差	2.4120	1.9921	1.5027
中雨雨量级穿透率	0.0953	0.9482	-0.0373
中雨雨量级干流率	-0.9096	-0.0426	-0.0036
未分解层枯落物放缩统一到2011年后的含水率	0.8403	0.1645	0.3570
半分解层枯落物放缩统一到2011年后的含水率	0.0355	0.2518	0.9015
未分解层枯落物饱和持水率	0.6274	-0.1171	0.6793
半分解层枯落物饱和持水率	0.6889	-0.6070	-0.0961
放缩统一到2011年后的土壤含水率	-0.0069	0.7865	0.3008

前 3 个主成分的累积方差贡献率已很接近 0.85，因此保留前 3 个主成分的因子载荷阵进行因子旋转，因子旋转后的林分水文功能因子中，旋转后因子 1 中未分解层枯落物放缩统一到 2011 年后的含水率（简称未分解层枯落物含水率）正载荷很大，中雨雨量级干流率负载荷很大，半分解、未分解的枯落物层饱和持水率也有较大的正载荷。

从本文与已有一些文献试验的测定结果看，半分解层的持水率（持水能力）高于未分解层，但也有相反的结论，可能与林分情况、取样方式或实验条件有关。按照本文中的测定，笔者认为，森林枯落物层中，细碎、腐殖化的半分解层对枯落物持水的能力（即饱和持水率）应比较大；另一方面，枯落物含水率反映枯落物已含有的水量的情况，由于持水率有最大值的限制，枯落物含水率如越大则其再接纳水分的能力反而越小，即蓄水能力越小，按照半分解层对枯落物持水的能力强于未分解层的看法，未分解层持水能力弱，其含水率如果高对枯落物蓄水能力的影响不大，而半分解层持水能力强，其含水率如果高对枯落物蓄水能力的影响就较大了。这样看旋转后因子 1 中未分解层含水率为正且较大，该因子如果大对枯落物蓄水能力的影响不大；而旋转后因子 3 中半分解层含水率为正且极大、突出，该因子值如果越大就反映出枯落物已快达到最大（饱和）蓄水能力，即蓄水功能反而小。因此，旋转后因子 1 中有未分解层与半分解层的饱和蓄水率的较大的正载荷，还可反映对枯落物持水影响不大的未分解层枯落物含水量，因此旋转后因子 1 为反映枯落物层水源涵养能力的功能因子，又有旋转后解释方差较大的优势，因此可确定为"枯落物层蓄水能力功能因子"；而旋转后因子 3 主要只反映枯落物（半分解层）的水分状态（本文测定的各林分半分解层含水率多较未分解层大，半分解层对枯落物层含水率的贡献较大），因此可不用于进一步分析。另外从旋转后因子 1 还可以看出，该因子中中雨雨量级干流率载荷负向极大，而未分解层与半分解层的饱和蓄水率的较大正载荷即干流率与枯落物持水能力作用相反，这也可能揭示出一种大概的情况：林分冠层的枯落物层持水能力较大主要由枯落物堆积较多造成，而枯落物来源于冠层，枯落物量相对较多在一定程度上可以反映林冠枝叶量相对较少，林冠枝叶量较少则汇聚树干茎流的能力较弱，因此枯落物层持水能力与中雨雨量级干流率作用相反。这样，如果某样地的旋转后因子 1 得分值大可反映该样地的中雨雨量级干流率较小，即汇聚干流的能力较小。

旋转后因子 2 中中雨雨量级穿透率正载荷极大，放缩统一到 2011 年后的土壤含水率正载荷较大，因此旋转后因子 2 反映的是林冠克服截留散失、透过降雨的能力以及使透过林冠层的雨水在林地保存的能力，综合概括为林分透过、保存水分的功能因子，确定为"林地透水含水功能因子"。

用标准化的各样地旋转后因子 1 得分与旋转后因子 2 得分联合做散点图，如图 5 - 2 所示。从旋转后因子 1 "枯落物层蓄水能力功能因子"看，处于北部西色树沟的样地（1、2、3、4、18 号样地与 S 次生林样地）的林内枯落物层蓄水能力较强，这些样地的特征是处于阴坡或密度极大；而各南部油松林样地的枯落物层蓄水能力较弱；从旋转后因子 2 "林地透水含水功能因子"看，如 3、4、9 号样地林地透水含水功能较弱，这些林分截留降雨能力较强，土壤水分较少，它们的特征是密度较大；而 2、10、13 与 18 号样地林地透水功能较强，转入土壤的含水率也较大，这些林分密度较小。

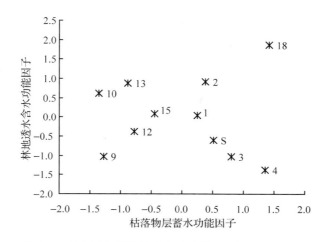

图 5-2 研究区各样地林分水文功能因子得分二维排序

Fig. 5-2 Ordination at two dimensions of scoring of forest water allocation functional factors of the sample plots in study area

注：图中标 1、2、4、18 的散点分别代表 1、2、4、18 号落叶松人工林样地；图中标 3、9、10、12、13、15 的散点分别代表 3、9、10、12、13、15 号油松人工林样地；S 代表 $1hm^2$ 天然次生林样地。

5.3 林分结构与降雨分配功能变量的典型相关分析

使用根据前面因子分析确定的各样地 3 个结构因子、2 个降雨分配功能因子的标准化因子得分（表 5-7），进行林分结构变量与林分降雨分配功能变量的典型相关分析。分析结果见表 5-8。如表 5-8 所示，由典型相关分析得到 2 个典型相关结构。

表 5-7 由因子分析得到的各样地标准化结构、功能因子得分

Table 5-7 Standardized scoring of forest stand structure and functions got by factor analysis

样地编号	经营因子	林木高生长状况因子	近自然化因子	枯落物层蓄水功能因子	林地透水含水功能因子
1	0.5592	2.1431	− 0.0388	0.2509	0.0501
2	− 0.7564	1.6760	0.1587	0.3835	0.9097
3	1.6647	− 0.0676	0.3017	0.8046	− 1.0268
4	1.4628	− 0.7892	− 0.8049	1.3489	− 1.3751
9	0.6358	− 0.1051	0.0075	− 1.2727	− 1.0285
10	− 0.9857	− 0.5773	− 0.9785	− 1.3499	0.6079
12	0.3647	− 0.4987	0.0369	− 0.7747	− 0.3843
13	− 0.3786	− 0.2415	− 0.2859	− 0.8828	0.8832
15	− 0.6019	− 1.0091	− 0.0733	− 0.4511	0.0918
18	− 1.3430	0.0175	− 1.0034	1.4244	1.8714
S	− 0.6215	− 0.5481	2.6799	0.5189	− 0.5994

由林分结构变量与林分降雨分配功能变量的典型相关分析可知只有第 1 个典型相关系数是显著的（$P < 0.05$），为 0.9501。其对应的典型结构中，结构典型变量中经营因子正载荷极高（0.8919），主要反映林分经营的初期趋向性（即该典型变量值越大，表示林分情况越趋向经营初期）；降雨分配功能典型变量中林分透水含水功能因子负载荷极高（-0.9893），主要反映林地透水与含水功能。该典型结构说明研究区林分经营的初期趋向性与林分透水含水功能有很好的负相关性，即随经营因子值增大，经营期前推，林木的胸径、树龄减小，林分密度、郁闭度增大，林分的透水性减弱、随之土壤中含水率也减小。如图 5-3 中处于图中左下侧的经营后期的 2、10、18 号样地的降雨穿透率较大，土壤含水率也较大，而处于图中右上侧的经营初期的 3、4、9 号样地的降雨穿透率较小，土壤含水率也较小。

表 5-8　林分结构与林分降雨分配功能的典型相关分析结果

Table 5-8　Results of canonical correlation analyses about the variables relationship between forest stand structure and water allocation functional variables

项　目	第一典型相关结构	第二典型相关结构
典型相关系数	0.9501	0.2237
显著水平	0.0121	0.8356
结构因子	结构典型变量 1 – 1	结构典型变量 1 – 2
经营因子	0.8919	0.2424
优势树种生长状况因子	-0.2635	0.9647
近自然化因子	0.3675	0.1033
功能因子	水文功能典型变量 1	水文功能典型变量 2
枯落物层蓄水功能因子	0.1458	0.9893
林分透水保水功能因子	-0.9893	0.1458

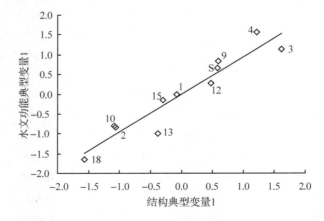

图 5-3　各样地第 1 典型结构的结构变量与功能变量的相关性

Fig. 5-3　Correlations of forest stand structure and functions of canonical structure 1 from the sample plots in study area.

第 6 章

冠层参数的提取结果

6.1　树干茎流系数 P_t

6.1.1　标准木的树干茎流系数

基于 2010 年、2011 年在研究区 36 场收集降雨数据整理统计的 3 种林分各样地径级标准木单木的树干茎流系数列于表 6-1。

6.1.2　油松人工林树干茎流系数求算

由表 6-1 可知 9 号模型样地、10 号样地各径级标准木 9#细、9#中、9#粗、10#细、10#中与 10#粗的树干茎流系数 P_t 分别为：0.0175、0.0549、0.0018、0.0179、0.0162 与 0.0014。据此得到：9 号模型样地平均树干茎流系数为 0.0247，标准差 0.0273；10 号样地平均树干茎流系数为 0.0119，标准差 0.0091。

6.2　林冠持水能力 S

6.2.1　在 3 种林分全面布设集雨槽得到的林冠持水能力（不考虑蒸发，横截距）

实验后得到的由 3 种林分全面布设的集雨槽得到的不考虑蒸发的林冠持水能力 S 值如表 6-2 所示。

表6-1　研究区各径级标准木树干茎流系数值

Table 6－1　Trunk drainage partitioning coefficient of class-standard

individual trees in study area

径级标准木	树高（m）	冠幅（m）	胸径（cm）	树干茎流系数	径级标准木	树高（m）	冠幅（m）	胸径（cm）	树干茎流系数
油松人工林3#细	8.6	2.7	9.5	0.0071	落叶松人工林1#细	19.0	1.5	12.8	0.0057
油松人工林3#中	10.5	2.7	12.5	0.0292	落叶松人工林1#中	18.0	2.9	14.1	0.0030
油松人工林3#粗	9.3	3.5	16.3	0.0061	落叶松人工林1#粗	19.5	3.2	17.3	0.0036
油松人工林9#细	9.0	2.6	12.4	0.0175	落叶松人工林2#细	16.0	3.1	19.3	0.0021
油松人工林9#中	12.0	2.6	18.0	0.0549	落叶松人工林2#中	22.0	4.9	21.0	0.0027
油松人工林9#粗	10.5	4.6	19.7	0.0018	落叶松人工林2#粗	21.0	6.1	26.1	0.0013
油松人工林10#细	10.0	3.6	14.2	0.0179	落叶松人工林4#细	9.2	3.4	9.7	0.0043
油松人工林10#中	10.7	4.0	16.8	0.0162	落叶松人工林4#中	8.1	3.7	14.2	0.0017
油松人工林10#粗	12.0	3.5	20.0	0.0014	落叶松人工林4#粗	11.3	4.2	15.1	0.0010
油松人工林12#细	9.5	1.6	12.1	0.0838	落叶松人工林18#细	16.0	2.9	14.3	0.0042
油松人工林12#中	12.0	3.0	15.2	0.0130	落叶松人工林18#中	15.0	4.1	18.5	0.0045
油松人工林12#粗	11.0	3.2	17.1	0.0350	落叶松人工林18#粗	19.0	4.3	23.0	0.0019
油松人工林13#细	10.5	1.6	15.6	0.0613	落叶松人工林均值	16.2	3.7	17.1	0.0030
油松人工林13#中	12.0	2.3	17.9	0.0327	落叶松人工林标准误	4.5	1.2	4.7	0.00042
油松人工林13#粗	12.5	5.3	20.1	0.0040					
油松人工林15#细	11.0	2.7	15.2	0.0080	次生林白桦#细	12.5	4.9	11.0	0.00024
油松人工林15#中	12.0	4.3	18.9	0.0076	次生林白桦#中	12.0	4.5	15.0	0.0014
油松人工林15#粗	12.0	4.4	22.9	0.0021	次生林白桦#粗	15.0	5.2	24.1	0.00081
油松人工林均值	10.8	3.2	16.4	0.0222	次生林白桦均值	13.2	4.8	16.7	0.00082
油松人工林标准误	1.2	1.0	3.4	0.0055	次生林白桦标准误	1.6	0.3	6.8	0.00033
次生林落叶松#细	13.0	2.9	10.8	0.0030	次生林山杨#细	10.0	2.2	13.3	0.0014
次生林落叶松#中	21.0	8.8	29.0	0.00034	次生林山杨#中	12.0	2.4	16.8	0.0072
次生林落叶松#粗	23.5	9.5	38.7	0.00021	次生林山杨#粗	12.5	3.8	23.8	0.0178
次生林落叶松均值	19.2	7.1	26.2	0.0012	次生林山杨均值	11.5	2.8	18.0	0.0088
次生林落叶松标准误	5.5	3.6	14.2	0.00091	次生林山杨标准误	1.3	0.9	5.3	0.0048

表6-2　研究区3种林分不考虑蒸发的林冠持水能力

Table 6-2　Canopy storage capacity without evaporation－considering

of 3 kinds of forest in study area

项目	落叶松人工林 S值（mm）	油松人工林 S值（mm）	天然林落叶松 单木S值（mm）	天然林白桦单木 S值（mm）	天然林山杨单木 S值（mm）
平均	1.24	1.11	1.56	0.90	0.41
标准差	0.41	0.51	0.47	0.12	0.085
最大值	2.06	2.24	1.89	0.98	0.74
最小值	0.83	0.36	1.23	0.81	0.35

6.2.2　油松人工林林冠持水能力 S 值

（1）不考虑蒸发林冠持水能力 S 值（横截距）

2010 年、2011 年 9 号模型、10 号油松人工林样地的各集雨槽得到的不考虑蒸发的林冠持水能力 S 值如表 6-3 所示。其中，10 号样地为经营后的林地，林木稀疏，经各鱼眼照片分析得到的郁闭度为 0.6118，林窗处无林冠，因此设"10#3 林窗"与"10#4 林窗"处的林冠持水能力 S 为 0，这样，其林冠持水能力 S 的加权平均值的算法如式（6-1）所示：

$$10 \text{ 号样地 } S \text{ 值} = (10\#1 \text{ 单木 } 1S \text{ 值} + 10\#2 \text{ 单木 } 2S \text{ 值})/2$$
$$\times 0.6118 + 0 \times (1 - 0.6118) \qquad (6-1)$$

表 6-3　油松人工林林冠持水能力

Table 6-3　Canopy storage capacity of planted Chinese pineforests

年份	9 号模型样地 S 值 （郁闭度 0.8578）		10 号样地 S 值 （郁闭度 0.6118）	
	集水槽编号	横截距	集水槽编号	横截距
2011 年	9#1	0.3559	10#1 单木 1	0.9070
	9#2	1.4243	10#2 单木 2	1.5062
	9#3	0.5532	10#3 林窗	—
	9#4	0.9862	10#4 林窗	—
	9#5	0.3386		
2010 年	9#2	2.0923		
	9#5	1.4364		
均值（10#按郁闭度加权平均）		1.0267		0.7382
标准差（10#按非林窗集水槽值×郁闭度后再求标准差计算）		0.4669		0.1586
均值 + 标准差		1.4936		0.8967
均值 - 标准差		0.5598		0.5796

（2）基于 Leyton - 最上方 5 点约束的方法得到的林冠持水能力 S 值（负纵截距）

由 9 号模型样地、10 号样地各径级标准木的树干茎流系数 P_t 得到它们的"$1 - P_t$"值分别为：0.9753 与 0.9881。

对于 9 号模型样地，由最小二乘法得到的穿透雨量 - 降雨量的"初始回归直线"如式（6-2）所示：

$$T_f = 0.6838 \, P + 0.3328 \qquad (6-2)$$

用"$1 - P_t$"即 0.975 替换直线斜率后的穿透雨量 - 降雨量的"替换斜率后回归直线"直线如式（6-3）所示：

$$T_f = 0.9753 \, P - 3.0654 \qquad (6-3)$$

将通过点到直线距离公式求得的 5 个"最远上方散点"的横、纵坐标的均值代入式（3-7），得到的穿过 5 个最远上方散点且斜率为"$1 - P_t$"的直线的斜率：$a''_{9\#模型} = -0.4913$，同时得到穿过 5 个最远上方散点且斜率为"$1 - P_t$"的直线为：

$$T_f = 0.9753 \, P - 0.4913 \qquad (6-4)$$

于是，由 Leyton - 最上方 5 点约束的方法得到的 9 号模型样地林冠持水能力 S 值 = 0.4913mm。

　　用 Leyton – 最上方 5 点约束的方法，在 Microsoft Excel 软件中对 9 号模型样地的林冠持水能力 S 值进行分析的过程中的散点与直线见图 6 – 1，穿过 5 个最远上方散点且斜率为"1 – P_t"的直线即该图中的点划线。

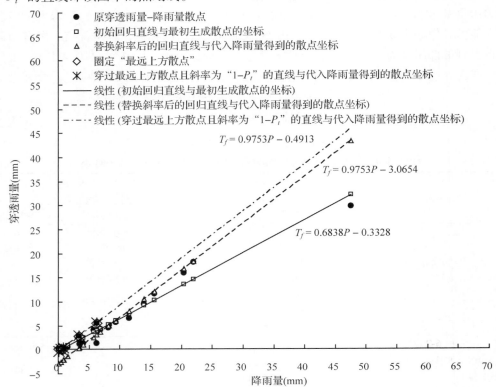

图6-1　用"Leyton – 最上方 5 点约束"的方法对 9 号模型样地的林冠持水能力的分析

Fig. 6-1　**Analysis to canopy storage capacity of No. 9 – model sample plot by method of "Leyton – constraint with top 5 points"**

　　同理，对于 10 号样地，由最小二乘法得到的穿透雨量 – 降雨量的"初始回归直线"如式（6 – 5）所示：

$$T_f = 0.8419\ P\ -\ 0.4507 \tag{6-5}$$

　　用"1 – P_t"即 0.9881 替换直线斜率后的穿透雨量 – 降雨量的"替换斜率后回归直线"直线如（6 – 6）所示：

$$T_f = 0.9881\ P\ -\ 1.2371 \tag{6-6}$$

　　将通过点到直线距离公式求得的 5 个"最远上方散点"的横、纵坐标的均值代入式（6 – 7），得到的穿过 5 个最远上方散点且斜率为"1 – P_t"的直线的斜率：$a''_{10\#} = -0.2132$，同时得到穿过 5 个最远上方散点且斜率为"1 – P_t"的直线如式（6 – 7）所示：

$$T_f = 0.9753\ P\ -\ 0.2132 \tag{6-7}$$

　　于是，由 Leyton – 最上方 5 点约束的方法得到的 10 号样地林冠持水能力 S 值 = 0.2132mm。

　　用 Leyton – 最上方 5 点约束的方法，在 Microsoft Excel 软件中对 10 号样地的林冠持水能

力 S 值进行分析的过程中的散点与直线见图 6-2，穿过 5 个最远上方散点且斜率为"$1 - P_t$"的直线即该图中的点划线。

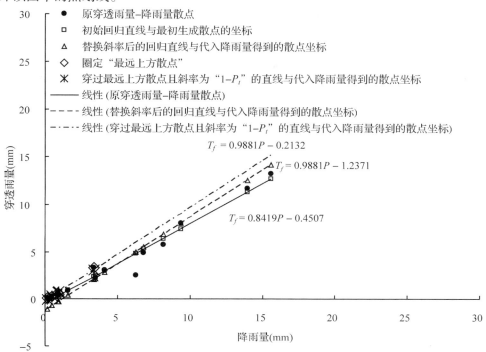

图 6-2　用 Leyton – 最上方 5 点约束的方法对 10 号样地的林冠持水能力的分析

Fig. 6-2　Analysis to canopy storage capacity of No. 10 sample plot by method of "Leyton-constraint with top 5 points"

6.3　树干持水能力 S_t

6.3.1　标准木的树干持水能力

基于 2010 年、2011 年在研究区 36 场收集降雨数据整理统计的 3 种林分各样地径级准木的单木树干持水能力列于表 6-4。

表 6-4　研究区各径级标准木树干持水能力

Table 6-4　Trunk storage capacity of class – standard individual trees in study area

径级标准木	树高（m）	冠幅（m）	胸径（cm）	树干持水能力（mm）	径级标准木	树高（m）	冠幅（m）	胸径（cm）	树干持水能力（mm）
油松人工林 3#细	8.6	2.7	9.5	0.0997	落叶松人工林 1#细	19.0	1.5	12.8	0.0317
油松人工林 3#中	10.5	2.7	12.5	0.1124	落叶松人工林 1#中	18.0	2.9	14.1	0.0318
油松人工林 3#粗	9.3	3.5	16.3	0.0925	落叶松人工林 1#粗	19.5	3.2	17.3	0.0252
油松人工林 9#细	9.0	2.6	12.4	0.0813	落叶松人工林 2#细	16.0	3.1	19.3	0.0223
油松人工林 9#中	12.0	2.6	18.0	0.3945	落叶松人工林 2#中	22.0	4.9	21.0	0.0201

（续）

径级标准木	树高（m）	冠幅（m）	胸径（cm）	树干持水能力（mm）	径级标准木	树高（m）	冠幅（m）	胸径（cm）	树干持水能力（mm）
油松人工林9#粗	10.5	4.6	19.7	0.0158	落叶松人工林2#粗	21.0	6.1	26.1	0.0155
油松人工林10#细	10.0	3.6	14.2	0.1323	落叶松人工林4#细	9.2	3.4	9.7	−0.0012
油松人工林10#中	10.7	4.0	16.8	0.1335	落叶松人工林4#中	8.1	3.7	14.2	0.0095
油松人工林10#粗	12.0	3.5	20.0	0.0057	落叶松人工林4#粗	11.3	4.2	15.1	0.0051
油松人工林12#细	9.5	1.6	12.1	0.4778	落叶松人工林18#细	16.0	2.9	14.3	0.0242
油松人工林12#中	12.0	3.0	15.2	0.0731	落叶松人工林18#中	15.0	4.1	18.5	0.0483
油松人工林12#粗	11.0	3.2	17.1	0.2497	落叶松人工林18#粗	19.0	4.3	23.0	0.0132
油松人工林13#细	10.5	1.6	15.6	0.4777	落叶松人工林均值	16.2	3.7	17.1	0.0205
油松人工林13#中	12.0	2.3	17.9	0.2496	落叶松人工林标准误	4.5	1.2	4.7	0.00387
油松人工林13#粗	12.5	5.3	20.1	0.0209					
油松人工林15#细	11.0	2.7	15.2	0.0324	次生林白桦#细	12.5	4.9	11.0	0.00120
油松人工林15#中	12.0	4.3	18.9	0.0426	次生林白桦#中	12.0	4.5	15.0	0.0024
油松人工林15#粗	12.0	4.4	22.9	0.0028	次生林白桦#粗	15.0	5.2	24.2	0.00560
油松人工林均值	10.8	3.2	16.4	0.1497	次生林白桦均值	13.2	4.5	16.7	0.00307
油松人工林标准误	1.2	1.0	3.4	0.0368	次生林白桦标准误	1.6	0.3	6.8	0.00131
次生林落叶松#细	13.0	2.9	10.8	0.0080	次生林山杨#细	10.0	2.2	13.3	0.0038
次生林落叶松#中	21.0	8.8	29.0	0.00100	次生林山杨#中	12.0	2.4	16.8	0.0038
次生林落叶松#粗	23.5	9.5	38.7	0.00090	次生林山杨#粗	12.5	3.8	23.8	0.0005
次生林落叶松均值	19.2	7.1	26.2	0.0033	次生林山杨均值	11.5	2.8	18.0	0.0027
次生林落叶松标准误	5.5	3.6	14.2	0.00235	次生林山杨标准误	1.3	0.9	5.3	0.0011

6.3.2 油松人工林树干持水能力求算

由表6-4可知9号模型样地、10号样地各径级标准木9#细、9#中、9#粗、10#细、10#中与10#粗的树干持水能力 S_t 分别为：0.0813mm、0.3945mm、0.0158mm、0.1323mm、0.1335mm与0.0057mm。据此得到：9号模型样地平均树干持水能力为0.1639mm，标准差为0.2024 mm；10号样地平均树干持水能力为0.0905mm，标准差为0.0734mm。

第 7 章

基于 VB 编程的修正 Gash 模型
模拟系统对降雨分配的模拟

    使用自行设计、编制的模型程序"修正 Gash 模型模拟系统",以根据 2010 年、2011 年两年通过各穿透雨、干流收集设施得到的降雨量、穿透雨量、树干茎流量做出的穿透雨量 – 降雨量回归直线与树干茎流 – 降雨量回归直线得到的林冠持水能力 S、树干持水能力 S_t、树干茎流系数 P_t,和经鱼眼相机拍摄的鱼眼照片处理、分析得到的林冠郁闭度 c,共计 4 个主要冠层参数为基础,结合 2011 年植物生长季的 6 ~ 10 月间的油松人工林 9 号模型样地、10 号样地实测的 23 场降雨中的有效降雨的穿透雨量、树干茎流量与截留散失量数据,对这两个样地有效降雨的穿透雨量、树干茎流量与截留散失量进行了计算模拟与结合实测值的拟合。

    2011 年 7 月 24 ~ 25 日即 2011 年第 15 场采集降雨与 2011 年 8 月 14 ~ 25 日即 2011 年第 17 场采集降雨时较多穿透雨收集塑料桶溢满;2011 年 6 月 22 日即 2011 年第 3 场采集降雨时 9 号模型样地、10 号样地多数树干茎流收集塑料桶溢满;2011 年 6 月 14 ~ 15 日即 2011 年第 1 场采集降雨时 9 号模型样地、10 号样地的干流降雨收集桶还未及布设;2011 年 9 月 3 日、15 日与 16 日即 2011 年第 21、22、23 场采集降雨的气象资料还未及获取。这样,对于 9 号模型样地与 10 号样地,2011 年实验期总计 23 场采集降雨有 7 场数据不完整,即数据中缺林外对照降雨指标、林内穿透雨量指标、林内树干茎流指标数据或气象数据,于是将剩余的 16 场采集降雨作为 9 号模型样地与 10 号样地用于修正 Gash 模型计算、编程与模拟的有效降雨——简称为模拟有效降雨。

7.1　冠层参数 S、S_t、P_t

根据前文中总结的内容，9 号模型样地的不考虑蒸发冠层持水能力的下限、平均、上限值分别为 0.3386mm、1.0267mm 与 2.0923mm，标准差为 0.4669mm；用 Leyton – 最上方 5 点约束的方法得到的冠层持水能力为 0.4913mm；平均树干持水能力为 0.1639mm，标准差为 0.2024 mm；平均树干茎流系数为 0.0247，标准差为 0.0273。

10 号样地的不考虑蒸发冠层持水能力的下限、按郁闭度加权平均、上限值分别为 0.5549mm（即 0.9070 × 10 号样地郁闭度 0.6118）、0.7382mm 与 0.9214mm（即 1.5062 × 10 号样地郁闭度 0.6118），标准差为 0.2592mm；用 Leyton – 最上方 5 点约束的方法得到的冠层持水能力为 0.2132mm；平均树干持水能力为 0.0905mm，标准差为 0.0734mm；平均树干茎流系数为 0.0119，标准差为 0.0091。

7.2　林冠郁闭度 c

接前文 3.2.2.3 所述，在 2011 年，对 9 号模型样地的各集雨槽 9#1、9#2、9#3、9#4、9#5 上方拍摄的鱼眼照片经 Photoshop CS 软件分析得到的郁闭度值取平均后得到 9 号模型样地的郁闭度均值为 0.8578，标准差为 0.0894；对 10 号样地的各集雨槽 10#1 单木 1、10#2 单木 2、10#3 林窗与 10#4 林窗上方拍摄的鱼眼照片经 Photoshop CS 软件分析得到的郁闭度值取平均后得到 10 号样地的均值郁闭度为 0.6118，标准差为 0.0237。

7.3　模拟有效降雨的环境变量

根据气象站的记录，将 16 场模拟有效降雨发生时段气象变量均值进行统计汇总，如表 7-1 所示。

9 号模型样地与 10 号样地的平均树高分别为 12.5m 与 13m，由此可得到相应风速冠层上方 2m 高度（树高 h + 2）、零平面位移高度（树高 h × 0.75）与粗糙长度（树高 h × 0.1），具体算法写入了程序。

根据 GPS 定位，9 号模型样地与 10 号样地距气象站的海拔差均为 127.5m。

表 7-1　模拟有效降雨发生时段各气象变量值

Table 7-1　Values of meteorologic variables in the period when effective rainfall happened

降雨场次	平均气压（bPa）	气温（℃）	空气相对湿度（%）	场降雨量（mm）	平均降雨强度（mm/h）	平均风速（m/s）	平均太阳辐射通量密度（W/m）
2	885.30	16.18	92.45	1.60	2.40	0.74	92.50
4	883.55	17.51	93.37	4.13	2.07	0.53	34.38
5	882.28	16.23	95.38	15.60	2.46	0.10	78.32
6	879.52	11.57	88.83	0.96	0.96	0.06	51.47
7	878.19	14.00	84.61	8.27	3.54	0.72	164.20
8	890.10	13.43	93.30	0.16	0.24	0.37	0.60

（续）

降雨场次	平均气压（bPa）	气温（℃）	空气相对湿度（%）	场降雨量（mm）	平均降雨强度（mm/h）	平均风速（m/s）	平均太阳辐射通量密度（W/m）
9	888.13	17.75	90.52	3.46	1.15	0.35	226.03
10	885.23	18.80	89.82	6.25	2.08	0.37	124.92
11	886.09	18.71	88.46	0.50	0.25	0.19	98.64
12	884.08	17.82	95.39	8.16	0.84	0.05	81.43
13	883.90	17.26	98.75	6.28	9.42	0.00	1.85
14	884.62	18.40	94.17	20.42	20.42	0.80	32.30
16	888.40	18.77	92.71	6.83	1.37	0.09	122.61
18	890.67	18.06	76.28	9.36	5.62	0.82	41.38
19	891.71	18.92	73.26	3.40	13.59	0.48	127.88
20	894.28	17.31	87.08	0.90	0.34	0.40	239.87

7.4 模拟有效降雨截留量、树干茎流量与穿透雨量的模拟

2011 年植物生长季 9 号模型样地与 10 号样地 16 场模拟有效降雨的实测截留散失量、树干茎流量与穿透雨量如表 7-2 所示。

将 2011 年植物生长季 9 号模型样地与 10 号样地 16 场模拟有效降雨的环境变量导入修正 Gash 模型模拟系统，并录入冠层参数，得到这 2 个样地 16 场模拟有效降雨的动态模拟与拟合结果。

由于本文中用 2 种方法得到了意义有区别的冠层参数中的 2 种冠层持水能力 S，而 S 值一般对冠层截留散失的影响较大，因此用各样地冠层持水能力 S 不同的 2 套冠层参数均值取值方式分别录入模型观察拟合效果，取值方式如表 7-3 所示。

表 7-2　2011 年 9 号模型样地与 10 号样地实测林地降雨数据
Table 7-2　Measured rainfall data of No. 9 – model sample plot and No. 10 sample plot in 2011

降雨场次	9 号模型样地			10 号样地		
	穿透雨量（mm）	树干茎流量（mm）	截留散失量（mm）	穿透雨量（mm）	树干茎流量（mm）	截留散失量（mm）
2	0.5208	0.0002	1.0815	0.63	0.00018	0.9736
4	1.1833	0.0018	2.9495	2.73	0.00140	1.3993
5	11.6538	0.5085	3.4403	12.13	0.09098	3.3864
6	0.1058	0.0030	0.8527	0.40	0.00036	0.5609
7	5.0359	0.0655	3.1679	6.76	0.02874	1.4847
8	0.0500	0.0003	0.1099	0.07	0.00016	0.0894
9	1.0782	0.0009	2.3824	1.68	0.00028	1.7859
10	1.1795	0.0001	5.0704	2.00	0.00057	4.2461
11	0.2737	0.0000	0.2263	0.18	0.00006	0.3196
12	4.4551	0.0233	3.6818	4.92	0.00197	3.2373
13	5.7949	0.1784	0.3087	8.91	0.01970	− 2.6444
14	16.0064	0.9650	3.4453	21.08	0.16314	− 0.8251

（续）

降雨场次	9 号模型样地			10 号样地		
	穿透雨量（mm）	树干茎流量（mm）	截留散失量（mm）	穿透雨量（mm）	树干茎流量（mm）	截留散失量（mm）
16	4.0769	0.0161	2.7339	3.83	0.00330	2.9932
18	5.6603	0.0182	3.6805	7.70	0.00840	1.6494
19	2.7949	0.0035	0.5991	2.74	0.00190	0.6561
20	0.1000	0.0000	0.7974	0.48	0.00000	0.4124
合计	59.97	1.78	34.53	76.24	0.32	19.72

表 7-3　Gash 模型模拟冠层参数取值方式的修正

Table 7-3　Application manner of canopy parameters used for revised Gash model of
No. 9 – model sample plot and No. 10 sample plot

样地与取值方式	c	S(mm)	S_t(mm)	P_t
9 号模型样地方式 1	0.8578	不考虑蒸发 S：1.0267	0.1639	0.0247
9 号模型样地方式 2	0.8578	Leyton – 加约束方法 S：0.4913	0.1639	0.0247
10 号样地方式 1	0.6118	不考虑蒸发 S：0.7382	0.0905	0.0119
10 号样地方式 2	0.6118	Leyton – 加约束方法 S：0.2132	0.0905	0.0119

　　导入环境变量后，将 2 个样地冠层参数取值方式 1 与方式 2 的各冠层参数取值录入修正 Gash 模型模拟系统，得到 2 个样地的截留散失量动态拟合图，如图 7-1 与图 7-2 所示。

　　由图 7-1 与图 7-2 可以看出，用 2 套冠层参数均值取值方式得到的拟合结果中，第一种方式，即将冠层持水能力取不考虑蒸发的 S 的拟合效果相对较好，而用 Leyton – 最上方 5 点约束方法得到的 S 值拟合效果不好，模拟值模型远小于实测值。需要说明的是，由于"聚集效应"的影响，10 号样地第 13、14 次降雨的实测截留散失量值为负值，这 2 次的拟合无意义。

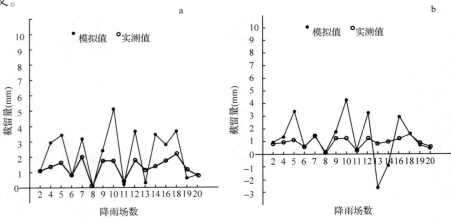

a. 9 号模型样地，$S=1.0267$mm；b. 10#样地，$S=0.7382$mm

图 7-1　由第 1 种冠层参数取值方式对 2 个样地林冠截留散失量的动态拟合

Fig. 7-1　Dynamic simulation of canopy interception loss of 2 sample plots
by the first application manner of canopy parameters

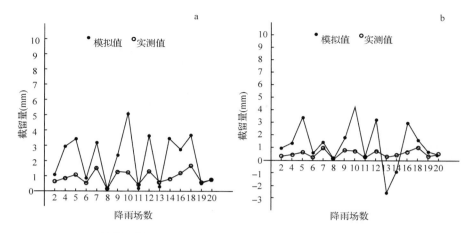

a. 9 号模型样地，$S = 0.4913\text{mm}$；b. 10 号样地，$S = 0.2132\text{mm}$

图 7-2　由第 2 种冠层参数取值方式对 2 个样地林冠截留散失量的动态拟合

Fig. 7-2　Dynamic simulation of canopy interception loss of 2 sample plots by the second application manner of canopy parameters

经用自行编制的"修正 Gash 模型模拟系统"反复调试认为，将 2 个样地的冠层持水能力 S 取各样地不考虑蒸发的 S 值的上限值，即将 9 号模型样地的 S 值取 2.0923mm，10 号样地的 S 值取 0.9214mm，2 个样地其他冠层参数仍按第 1 种取值方式取均值，即 9 号模型样地的冠层参数取值分别为：$S = 2.0923\text{mm}$，$c = 0.8578$，$S_t = 0.1639\text{mm}$，$P_t = 0.0247$；即 10 号样地的冠层参数取值分别为：$S = 0.9214\text{mm}$，$c = 0.6118$，$S_t = 0.0905$，$P_t = 0.0119$，可以达到较好的拟合效果，截留散失量的拟合结果如图 7-3 所示。

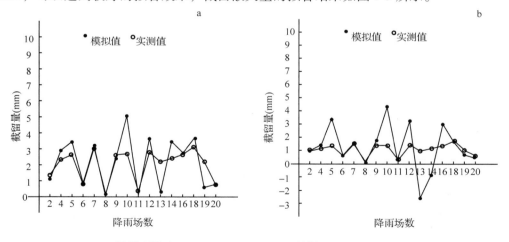

a. 9 号模型样地，$S = 2.0923\text{mm}$；b. 10 号样地，$S = 0.9214\text{mm}$

图 7-3　S 值取不考虑蒸发的 S 值上限时 2 个样地林冠截留散失量的动态拟合

Fig. 7-3　Dynamic simulation of canopy interception loss of 2 sample plots when S was given the upper limit value of canopy storage capacity without evaporation – considering

用"修正 Gash 模型模拟系统"得到的 S 值取不考虑蒸发的上限时 9 号模型样地、10 号样地的 Gash 模型核心组成变量的动态模拟数据如表 7-4、表 7-5 所示。（对 $m + n - q$ 次树干茎流树干未达到饱和蒸发量的计算中出现了部分绝对值很小的负值，原因不明，但未造成截留量加和出现负值）。

表7-4　2011年 S 取不考虑蒸发的 S 上限值时9号模型样地修正 Gash 模型组成变量的动态模拟

Table 7-4　Dynamic simulation of the component variables of No. 9 – model sample plot when S was given the upper limit value of canopy storage capacity without evaporation – considering in 2011

降雨场次	总降雨量（mm）	林冠达到饱和的降雨量（mm）	树干达到饱和的降雨量（mm）	林冠未达到饱和的 m 次降雨的截留量（mm）	林冠达到饱和的 n 次降雨的林冠加湿过程（mm）	降雨停止前饱和林冠的蒸发量（mm）	降雨停止后的林冠蒸发量（mm）	q 次树干茎流树干蒸发量（mm）	$m+n-q$ 次树干茎流树干未达到饱和蒸发量（mm）	截留量（mm）	树干茎流量（mm）	穿透雨量（mm）
2	1.6026	2.5904	10.0835	1.3747	0.0000	0.0000	0.0000	0.0000	-0.0216	1.3531	0.0000	0.2495
4	4.1346	2.5371	9.7205	0.0000	0.0841	0.1045	2.0923	0.0000	0.0364	2.3173	0.0000	1.8173
5	15.6026	2.4825	9.3566	0.0000	0.0372	0.3905	2.0923	0.1639	0.0000	2.6838	0.1489	12.7698
6	0.9615	2.5218	9.6174	0.8248	0.0000	0.0000	0.0000	0.0000	-0.0360	0.7888	0.0000	0.1728
7	8.2692	2.6280	10.3457	0.0000	0.1620	0.6785	2.0923	0.0000	0.1198	3.0526	0.0000	5.2167
8	0.1603	2.9601	12.8642	0.1375	0.0000	0.0000	0.0000	0.0000	-0.0463	0.0911	0.0000	0.0691
9	3.4615	2.8684	12.1306	0.0000	0.3682	0.1443	2.0923	0.0000	0.0105	2.6153	0.0000	0.8462
10	6.2500	2.6039	10.1769	0.0000	0.1413	0.3872	2.0923	0.0000	0.0789	2.6997	0.0000	3.5503
11	0.5000	4.1433	25.5886	0.4289	0.0000	0.0000	0.0000	0.0000	-0.0278	0.4011	0.0000	0.0989
12	8.1603	2.5667	9.9211	0.0000	0.1094	0.4689	2.0923	0.0000	0.1247	2.7953	0.0000	5.3649
13	6.2821	2.4394	9.0762	0.0000	0.0002	0.0006	2.0923	0.0000	0.0949	2.1880	0.0000	4.0941
14	20.4167	2.4513	9.1535	0.0000	0.0105	0.1530	2.0923	0.1639	0.0000	2.4196	0.2754	17.7216
16	6.8269	2.5718	9.9557	0.0000	0.1138	0.3699	2.0923	0.0000	0.0945	2.6704	0.0000	4.1565
18	9.3590	2.6163	10.2634	0.0000	0.1519	0.7650	2.0923	0.0000	0.1445	3.1538	0.0000	6.2052
19	3.3974	2.4946	9.4367	0.0000	0.0476	0.0342	2.0923	0.0000	0.0213	2.1954	0.0000	1.2020
20	0.8974	0.0000	0.0000	0.0000	0.0000	0.0000	0.0000	0.0000	0.0000	0.7698	0.0000	0.1276
合计	96.2821	—	—	2.7659	1.2262	3.4966	23.0153	0.3278	0.5938	32.1951	0.4243	63.6625

注：第13场降雨风速为0，第20场降雨林冠蒸发雨强比 >1。

表7-5　2011年 S 取不考虑蒸发的 S 上限值时10号样地修正 Gash 模型组成变量的动态模拟

Table 7-5　Dynamic simulation of the component variables of No. 10 sample plot when S was given the upper limit value of canopy storage capacity without evaporation – considering in 2011

降雨场次	总降雨量（mm）	林冠达到饱和的降雨量（mm）	树干达到饱和的降雨量（mm）	林冠未达到饱和的 m 次降雨的截留量（mm）	林冠达到饱和的 n 次降雨的林冠加湿过程（mm）	降雨停止前饱和林冠的蒸发量（mm）	降雨停止后的林冠蒸发量（mm）	q 次树干茎流树干蒸发量（mm）	$m+n-q$ 次树干茎流树干未达到饱和蒸发量（mm）	截留量（mm）	树干茎流量（mm）	穿透雨量（mm）
2	1.6026	1.6012	10.2085	0.0000	0.0582	0.0001	0.9214	0.0000	0.0000	0.9797	0.0000	0.6228
4	4.1346	1.5678	9.8142	0.0000	0.0378	0.1221	0.9214	0.0000	0.0282	1.1095	0.0000	3.0251

（续）

降雨场次	总降雨量（mm）	林冠达到饱和的降雨量（mm）	树干达到饱和的降雨量（mm）	林冠未达到饱和的 m 次降雨的截留量（mm）	林冠达到饱和的 n 次降雨的林冠加湿过程（mm）	降雨停止前饱和林冠的蒸发量（mm）	降雨停止后的林冠蒸发量（mm）	q 次树干茎流蒸发量（mm）	m + n − q 次树干茎流树干未达到饱和蒸发量（mm）	截留量（mm）	树干茎流量（mm）	穿透雨量（mm）
5	15. 6026	1. 5329	9. 4126	0. 0000	0. 0164	0. 3000	0. 9214	0. 0905	0. 0000	1. 3284	0. 0711	14. 2031
6	0. 9615	1. 5575	9. 6946	0. 5883	0. 0000	0. 0000	0. 0000	0. 0000	− 0. 0066	0. 5816	0. 0000	0. 3799
7	8. 2692	1. 6250	10. 4962	0. 0000	0. 0728	0. 5802	0. 9214	0. 0000	0. 0678	1. 6421	0. 0000	6. 6271
8	0. 1603	1. 8382	13. 3297	0. 0980	0. 0000	0. 0000	0. 0000	0. 0000	− 0. 0132	0. 0848	0. 0000	0. 0754
9	3. 4615	1. 7741	12. 4280	0. 0000	0. 1640	0. 2954	0. 9214	0. 0000	0. 0143	1. 3952	0. 0000	2. 0664
10	6. 2500	1. 6093	10. 3055	0. 0000	0. 0631	0. 3562	0. 9214	0. 0000	0. 0483	1. 3891	0. 0000	4. 8609
11	0. 5000	2. 5855	27. 8183	0. 3059	0. 0000	0. 0000	0. 0000	0. 0000	− 0. 0075	0. 2984	0. 0000	0. 2016
12	8. 1603	1. 5850	10. 0159	0. 0000	0. 0483	0. 3941	0. 9214	0. 0000	0. 0706	1. 4344	0. 0000	6. 7259
13	6. 2821	1. 5062	9. 1126	0. 0000	0. 0001	0. 0005	0. 9214	0. 0000	0. 0568	0. 9788	0. 0000	5. 3032
14	20. 4167	1. 5137	9. 1967	0. 0000	0. 0047	0. 1172	0. 9214	0. 0905	0. 0000	1. 1338	0. 1322	19. 1507
16	6. 8269	1. 5883	10. 0550	0. 0000	0. 0503	0. 3262	0. 9214	0. 0000	0. 0560	1. 3539	0. 0000	5. 4730
18	9. 3590	1. 6183	10. 4143	0. 0000	0. 0687	0. 6412	0. 9214	0. 0000	0. 0796	1. 7109	0. 0000	7. 6480
19	3. 3974	1. 5410	9. 5046	0. 0000	0. 0214	0. 0511	0. 9214	0. 0000	0. 0211	1. 0150	0. 0000	2. 3824
20	0. 8974	0. 0000	0. 0000	0. 0000	0. 0000	0. 0000	0. 0000	0. 0000	0. 0000	0. 5491	0. 0000	0. 3484
合计	96. 2821	—	—	0. 9922	0. 6058	3. 1843	11. 0568	0. 1810	0. 4154	16. 9847	0. 2033	79. 0939

注：第 13 场降雨风速为 0，第 20 场降雨林冠蒸发雨强比 >1。

S 值取不考虑蒸发的上限时 2 个样地树干茎流量和穿透雨量的动态拟合图见图 7-4、图 7-5。

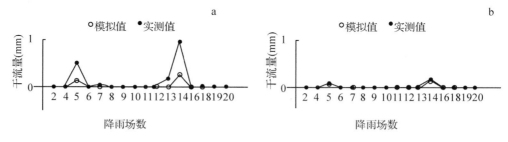

a. 9 号模型样地，S = 2.0923mm；b. 10 号样地，S = 0.9214mm

图 7-4　S 值取不考虑蒸发的上限时 2 个样地树干茎流量的动态拟合

Fig. 7-4　Dynamic simulation of stemflow of 2 sample plots when S was given the upper limit value of canopy storage capacity without evaporation – considering

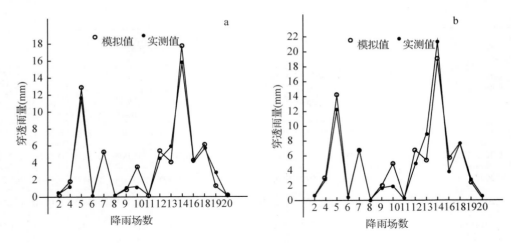

a. 9 号模型样地，$S = 2.0923$mm；b. 10 号样地，$S = 0.9214$mm

图 7-5　S 值取不考虑蒸发的上限时 2 个样地穿透雨量的动态拟合

Fig. 7-5　Dynamic simulation of throughfall of 2 sample plots when S was given the upper limit value of canopy storage capacity without evaporation – considering

7.5　模拟有效降雨动态模拟的变参数分析

鉴于认为 S、c 取值对截留散失量、穿透雨量的影响，S_t、P_t 取值对树干茎流量的影响较为重要，本文中将 2011 年实验期内 16 场有效降雨的 2 个样地的这些参数的标准差上限、均值、标准差下限在其他参数取均值的情况下录入模型，得到相应的动态模拟结果。

7.5.1　S 取值对截留散失量动态的影响

将 2 个样地冠层持水能力 S 值取不考虑蒸发的下限、标准差下限、均值、标准差上限、不考虑蒸发的上限，在其他参数取均值的情况下录入模型，得到截留散失量的动态模拟结果如图 7-6 所示。

7.5.2　c 取值对截留散失量动态的影响

将 2 个样地林冠郁闭度 c 值取标准差上限、均值、标准差下限，S 值取不考虑蒸发的上限，其他参数取均值的情况下录入模型，得到截留散失量的动态模拟结果如图 7-7 所示。

7.5.3　S_t 取值对树干茎流量动态的影响

将 2 个样地树干持水能力 S_t 值取标准差上限、均值、标准差下限（9 号模型样地标准差＞均值，下限用标准差下限），S 值取不考虑蒸发的上限，其他参数取均值的情况下录入模型，得到树干茎流量的动态模拟结果如图 7-8 所示。

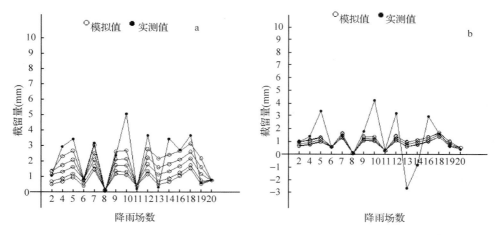

a. 9 号模型样地，由下往上的 5 条动态模拟值并列曲线的 $S = 0.3386\text{mm}$，0.5598mm，1.0267mm，1.4936mm，2.0923mm；

b. 10 号样地，由下往上的 5 条动态模拟值并列曲线的 $S = 0.5549\text{mm}$，0.5796mm，0.7382mm，0.8967mm，0.9214mm

图 7-6 S 值取不考虑蒸发的下限、标准差下限、均值、标准差上限、不考虑蒸发的上限时 2 个样地截留散失量动态拟合

Fig. 7-6 Dynamic simulation of canopy interception loss of 2 sample plots when S was respectively given the lower limit, mean subtracting standard deviation, mean value, mean plus standard deviation, upper limit of S value

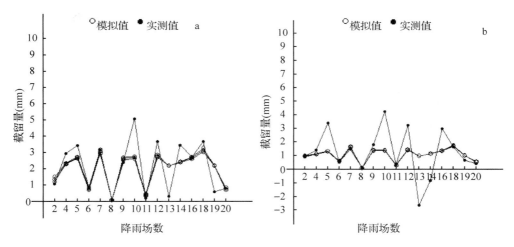

a. 9 号模型样地，由下往上的 3 条动态模拟值并列曲线的 $c = 0.7685$，0.8578，0.9472；

b. 10 号样地，由下往上的 3 条动态模拟值并列曲线的 $c = 0.5845$，0.6118，0.6391（变化不明显）

图 7-7 c 值取标准差下限、均值、标准差上限时 2 个样地截留散失量动态拟合

Fig. 7-7 Dynamic simulation of canopy interception loss of 2 sample plots when c was respectively given the mean subtracting standard deviation, mean value, mean plus standard deviation of c value

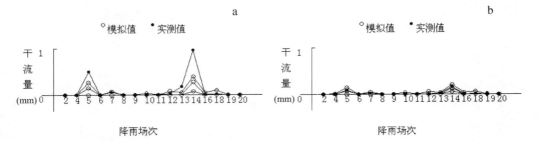

a.9 号模型样地，由上往下的 3 条动态模拟值并列曲线的 S_t = 0.0470mm，0.1639mm，0.3663mm；

b.10 号样地，由上往下的 3 条动态模拟值并列曲线的 S_t = 0.0171mm，0.0905mm，0.1639mm

图 7-8　S_t 值取标准差下限、均值、标准差上限时 2 个样地树干茎流量动态拟合

Fig. 7-8　Dynamic simulation of stemflow of 2 sample plots when S_t was respectively given mean subtracting standard deviation, mean value, mean plus standard deviation of S_t value

7.5.4　P_t 取值对树干茎流量动态的影响

将 2 个样地树干茎流系数 P_t 值取标准差上限、均值、标准差下限（9 号模型样地标准差＞均值，下限用标准差下限），S 值取不考虑蒸发的上限，其他参数取均值的情况下录入模型，得到树干茎流量的动态模拟结果如图 7-9 所示。

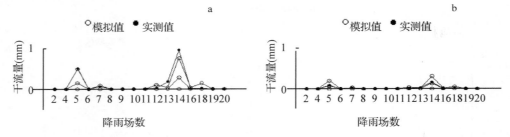

a.9 号模型样地，由下往上的 3 条动态模拟值并列曲线的 P_t = 0.0089，0.0247，0.0520；

b.10 号样地，由下往上的 3 条动态模拟值并列曲线的 P_t = 0.0028，0.0119，0.0209

图 7-9　P_t 值取标准差下限、均值、标准差上限时 2 个样地树干茎流量动态拟合

Fig. 7-9　Dynamic simulation of stemflow of 2 sample plots when P_t was respectively given mean subtracting standard deviation, mean value, mean plus standard deviation of P_t value

7.5.5　S 取值对穿透雨量动态的影响

将 2 个样地冠层持水能力 S 值取不考虑蒸发的下限、标准差下限、均值、标准差上限、不考虑蒸发的上限，在其他参数取均值的情况下录入模型，得到穿透雨量的动态模拟结果如图 7-10 所示。

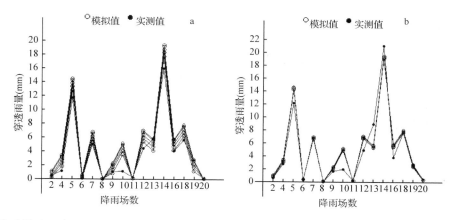

a. 9 号模型样地，由上往下的 5 条动态模拟值并列曲线的 $S = 0.3386$mm，0.5598mm，1.0267mm，1.4936mm，2.0923mm；

b. 10 号样地，由上往下的 5 条动态模拟值并列曲线的 $S = 0.5549$mm，0.5796mm，0.7382mm，0.8967mm，0.9214mm

图 7-10 S 值取不考虑蒸发的下限、标准差下限、均值、标准差上限、不考虑蒸发的上限时 2 个样地穿透雨量拟合动态

Fig. 7-10 Dynamic simulation of throughfall of 2 sample plots when S was respectively given lower limit, mean subtracting standard deviation, mean, mean plus standard deviation, upper limit of S value

7.5.6 c 取值对穿透雨量动态的影响

将 2 个样地林冠郁闭度 c 值取标准差上限、均值、标准差下限，S 值取不考虑蒸发的上限，其他参数取均值的情况下录入模型，得到穿透雨量的动态模拟结果如图 7-11 所示。

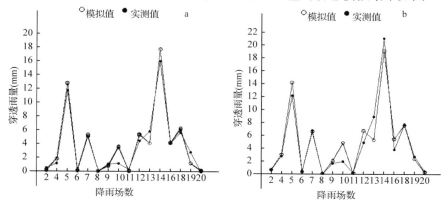

a. 9 号模型样地，由上往下的 3 条动态模拟值并列曲线的 $c = 0.7685$，0.8578，0.9472（变化不明显）；

b. 10 号样地，由上往下的 3 条动态模拟值并列曲线的 $c = 0.5845$，0.6118，0.6391（变化不明显）

图 7-11 c 值取标准差下限、均值、标准差上限时 2 个样地穿透雨量动态拟合

Fig. 7-11 Dynamic simulation of throughfall of 2 sample plots when c was respectively given the mean subtracting standard deviation, mean value, mean plus standard deviation of c value

7.5.7 6 个主要参数变化对截留散失量变化影响的敏感度分析

由于降雨量取值与林冠达到饱和降雨量、树干达到饱和降雨量的相对关系会影响截留

散失量的计算结果，这样首先用模型程序以 2011 年 16 次有效模拟降雨的平均降雨量值 6.0176mm 为分析用降雨量，对 2 个样地的冠层持水能力 S、林冠郁闭度 c、树干持水能力 S_t、树干茎流系数 P_t、林冠蒸发速率 E 与降雨强度 R 共 6 个主要参数的变化对截留散失量 I 变化的影响分别做敏感度分析，做敏感度分析时各参数除冠层持水能力 S 以 S 值上限作为参数 0 变化值外，其余参数以各自均值作为 0 变化参数值变化参数 0 变化值的 ±50%，分析结果如图 7-12 所示。

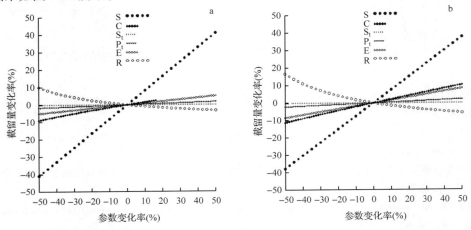

a. 9 号模型样地；b. 10 号样地

图 7-12　降雨量 =6.0176mm 时 2 个样地的截留量依参数变化的敏感度分析

Fig. 7-12　Sensitivity analysises of canopy parameters that affect canopy interception at 2 sample plots when precipitation ＝ 6.0176mm

而后考虑当地较常见的降雨量值，以 1mm、3mm、5mm、9mm、13mm、20mm 为分析用降雨量，分别分析各降雨量时 6 个主要参数的变化对截留散失量 I 变化的影响的敏感度分析（图 7-13 至图 7-17）。

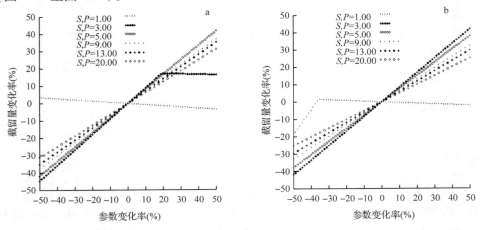

a. 9 号模型样地；b. 10 号样地

图 7-13　降雨量（P）不同时 2 个样地的截留量依冠层持水能力 S 变化的敏感度分析

Fig. 7-13　Sensitivity analyises of S that affect interception at 2 sample plots when precipitation varied

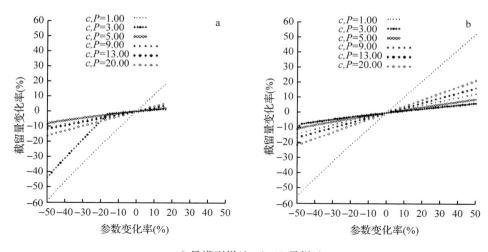

a. 9 号模型样地；b. 10 号样地

图 7-14 降雨量（P）不同时 2 个样地的截留量依林冠郁闭度 c 变化的敏感度分析

Fig. 7-14 Sensitivity analyses of c that affect interception at 2 sample plots when precipitation varied

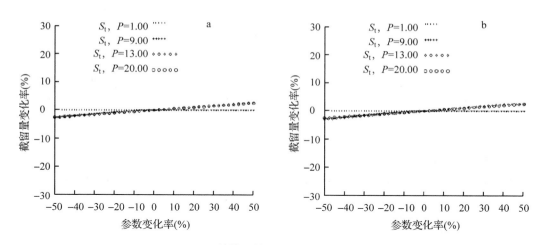

a. 9 号模型样地；b. 10 号样地

图 7-15 降雨量（P）不同时 2 个样地的截留量依树干持水能力 S_t 变化的敏感度分析

Fig. 7-15 Sensitivity analyses of S_t that affect interception at 2 sample plots when precipitation varied

注：2 个样地降雨量 P = 3mm、5mm 时的曲线与 P = 1mm 时重合，即各 S_t 变化率时 P_t 变化率均等于 0。

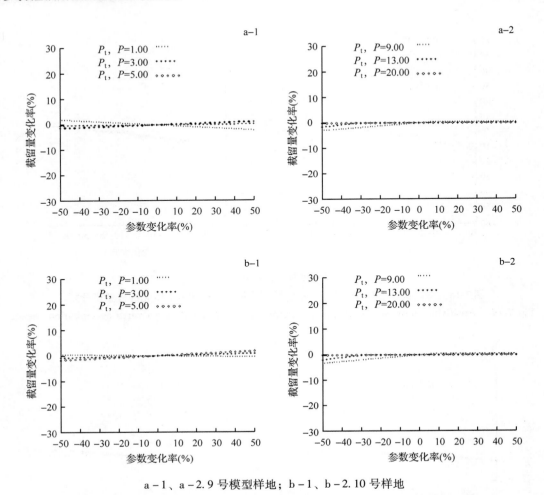

a−1、a−2.9 号模型样地；b−1、b−2.10 号样地

图 7-16   降雨量（P）不同时 2 个样地的截留量依树干茎流系数 P_t 变化的敏感度分析

Fig. 7-16   Sensitivity analyses of P_t that affect interception at 2 sample plots when precipitation varied

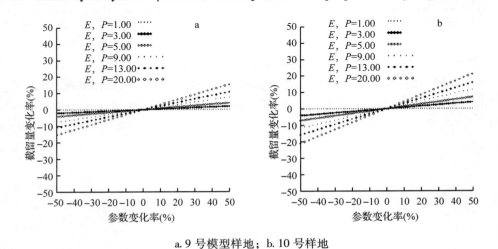

a. 9 号模型样地；b.10 号样地

图 7-17   降雨量（P）不同时 2 个样地的截留量依林冠蒸发速率 E 变化的敏感度分析

Fig. 7-17   Sensitivity analyses of E that affect interception at 2 sample plots when precipitation varied

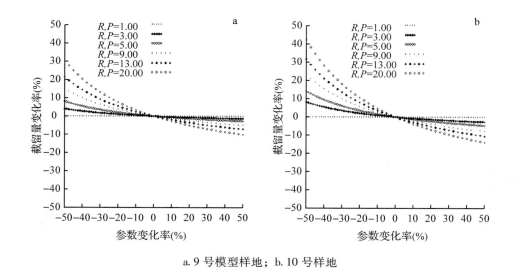

a. 9 号模型样地；b. 10 号样地

图 7-18　降雨量（*P*）不同时 2 个样地的截留量依降雨强度 *R* 变化的敏感度分析

Fig. 7-18　Sentivity analyses of *R* that affect interception at 2 sample plots when precipitation varied

第 8 章

结论

①通过逐步回归分析与二次响应曲面拟合的方法得到研究区油松人工林、落叶松人工林穿透率、树干茎流率与林分结构、雨量级指标的最佳关系算法。

②研究区油松人工林穿透雨出现聚集效应的情况比较常见，某些油松单木树冠下穿透率有时会超过 100%，远远高出旁边相距 5m 左右的林窗内集雨槽的穿透雨与林外降雨的比值，单木林内雨穿透率超过 100% 的情况远多于林窗穿透雨量与对照雨量的比值超过 100% 的情况。

③使用自制简易蒸散装置测得在 7～9 月植物生长季的昼间，研究区油松人工林林内水分蒸散速率在绝大部分观测时段小于研究区的无林地；与其他林内测点相比，处于经营后期的 10 号油松人工林样地内的覆盖枯落物且植入灌草的蒸散装置处理的蒸散速率维持在相对较高的水平。在 7～9 月植物生长季的夜间，油松人工林的林内水分蒸散速率在多于半数的观测时段小于无林地。2011 年 7～9 月间研究区林外坡地的平均昼间蒸散速率为 0.22mm/h ± 0.11mm/h；代表性油松人工林（9、10 号样地）平均昼间蒸散速率为 0.09mm/h ± 0.10mm/h。2011 年 7～9 月间研究区林外坡地的平均夜间蒸散速率为 0.065mm/h ± 0.066mm/h；代表性油松人工林（9、10 号样地）平均夜间蒸散速率为 0.026mm/h ± 0.024mm/h。

④根据自制简易树木生长量测定装置的测定结果，研究区各油松人工林样地径级标准木平均年胸径生长速率从大到小的排序情况为：10 号样地（0.2597cm/a；林分密度最小，为 600 株/hm²）＞ 13 号样地（0.2097cm/a；林分密度较小，为 1080 株/hm²）与 15 号样地（0.2097cm/a，林分密度较小，为 928 株/hm²）＞ 3 号样地（0.1413cm/a；林分密度较大，为 2483 株/hm²）、9 号样地（0.1082cm/a；林分密度较大，为 1408 株/hm²）与 12 号样地（0.1400cm/a，林分密度较大，为

1815 株/hm²)。较小的经营密度有利于提高油松人工林胸径生长速率。研究区油松人工林（林龄在 33 ~ 43 年）的年平均胸径生长速率为 0.18cm/a，在 7 ~ 9 月生长旺季胸径生长速率可达 0.53cm/a。

⑤使用因子分析方法，结合专业意义对得到的因子载荷阵的分析，将研究区各样地的林分结构变量综合为"经营因子"、"林木高生长状况因子"与"近自然化因子"3 个林分结构因子，将研究区各样地的林分降雨分配功能变量综合为"枯落物层蓄水功能因子"、"林地透水含水功能因子"2 个功能因子，并得到各样地 9 种综合因子的标准化得分。

⑥使用典型相关分析方法分别建立了林分结构典型变量（含经营、优势树种生长状况、近自然化 3 个林分结构因子）与降雨分配功能典型变量（含"枯落物层蓄水功能因子"、"林地透水含水功能因子"）的典型相关结构，得到 1 个在 0.05 水平显著的典型相关系数，得到的显著的林分结构典型变量与林分降雨分配功能典型变量的型相关系数达 0.9501（$P < 0.05$），其对应的典型结构说明研究区林分经营的初期趋向性与林分透水含水功能有很好的负相关性。

⑦根据 2 年的观测，对研究区 3 种林分各样地的不考虑蒸发冠层持水能力、树干持水能力与树干茎流系数进行了总结。基于最小二乘算法在 Leyton 求冠层持水能力的方法加入最上方 5 点的约束条件，用这种"Leyton - 最上方 5 点约束的方法"得到 9 号模型样地（林分密度为 1925 株/hm²）与 10 号样地（林分密度为 600 株/hm²）2 个油松人工林样地的冠层持水能力分别为 0.49mm 与 0.21mm，相比之下，9 号模型样地与 10 号样地的不考虑蒸发冠层持水能力分别为 1.03mm ± 0.47mm 与 0.74mm ± 0.16mm。

⑧根据修正 Gash 模型的算法，使用 Visual Basic6.0 版编程软件，自行编制了"修正Gash 模型模拟系统"。该系统对修正 Gash 模型所需的参数进行了详细定义；支持模型程序的数据导入、计算结果显示与有关图形、文件的生成与保存；区分降雨冠层蒸发速率与降雨强度的比值（蒸发降强比）与 1 的大小关系（即林冠蒸散速率与降雨强度的大小关系），对动态截留散失量、动态树干茎流量与动态穿透雨量进行模拟；通过在编程中对成图坐标系锁定功能的设计实现了变参数动态模拟分析；实现了在限定有关参数的条件下的可标示参数的模型参数对截留量影响的敏感度分析；用自行编制的"修正 Gash 模型模拟系统"对2011 年研究区 9 号模型样地与 10 号样地的 16 次有效观测降雨的动态截留散失量、动态树干茎流量与动态穿透雨量进行了模拟、拟合，并进行了模型参数对截留量影响的敏感度分析。

参考文献

鲍文，包维楷，何丙辉，等.2006.岷江上游油松人工林对降水的截留分配效应[J].北京林业大学学报，24(5)：10-16.

曹洪麟，任海，彭少麟.1998.鹤山湿地松人工林的群落结构与能量特征[J].广西植物，18(1)：24-28.

曹云，黄志刚，郑华，等.2007.柑橘园林下穿透雨的分布特征[J].水科学进展，18(6)：853-857.

曾杰，郭景唐.1997.太岳山油松人工林生态系统降雨的第一次分配[J].北京林业大学学报，19(3)：21-27.

曾曙才，苏志尧，陈北光.2006.我国森林空气负离子研究进展[J].南京林业大学学报(自然科学版)，30(5)：107-111.

陈东来，秦淑英.1994.山杨天然林林分结构的研究[J].河北农业大学学报.17(1)：36-43.

陈洪明，陈立新，王殿文.2004.落叶松人工林土壤酸度质量与养分关系研究现状及趋势[J].防护林科技，22(5)：46-49.

陈丽华，杨新兵，鲁绍伟，等.2008.华北土石山区油松人工林耗水分配规律[J].北京林业大学学报，30(增刊2)，182-187.

陈乃全.1990.落叶松人工林重茬更新效果的研究[A].中国林学会造林学会第二届学术讨论会造林论文集[C].北京：中国林业出版社.

陈云明，吴钦孝，刘向东.1994.黄土丘陵区油松人工林对降水再分配的研究[J].华北水利水电学院学报，13(1)：62-68.

崔国发.2002.兴安落叶松人工林土壤酸度的研究[J].北京林业大学学报，24(3)：34-36.

刁一伟，裴铁璠.2004.森林流域生态水文过程动力学机制与模拟研究进展[J].应用生态学报，15(12)：2369-2376.

丁元林，孔丹莉.2002.多个样本及其两两比较的秩和检验SAS程序[J].中国卫生统计，19(5)：313-314.

董世仁，郭景唐，满荣洲.1987.华北油松人工林的透流、干流和树冠截留[J].北京林业大学学报，9(1)：58-68.

方精云，李意德，朱彪，等.2004.海南岛尖峰岭山地雨林的群落结构、物种多样性以及在世界雨林中的地位[J].生物多样性，12(1)：29-43.

冯仲科，罗旭，石丽萍.2005.森林生物量研究的若干问题及完善途径[J].世界林业研究，18(3)：25-28.

高慧璇，等.1997.SAS系统SAS/STAT软件使用手册[M].北京：中国统计出版社，160-524.

高雅贤.1983.落叶松人工林土壤中水、肥动态的研究[J].林业科技，12(2)：9-13.

巩合德，王开运，杨万勤，等.2004.川西亚高山白桦林穿透雨和茎流特征观测研究[J].生态学杂志，23(4)：17-20.

郭明春，于澎涛，王彦辉，等.2005.林冠截持降雨模型的初步研究[J].应用生态学报，16(9)：1633-1637.

郭忠升，邵明安.2003.雨水资源、土壤水资源与土壤水分植被承载力[J].自然资源学报，18(5)：522-528.

国家林业局.2011.中华人民共和国林业行业标准——森林生态系统长期定位观测方法(LY/T 1952—

2011），15.

国庆喜，王晓春，孙龙．2004．植物生态学实习方法［M］．哈尔滨：东北林业大学出版社，4－9.

韩海荣，姜玉龙．2000．栓皮栎人工林光环境特征的研究［J］．北京林业大学学报，22（4）：92－96.

何常清，薛建辉，吴永波，等．2010．应用修正的 Gash 解析模型对岷江上游亚高山川滇高山栎林林冠截留的模拟［J］．生态学报，30（5）：1125－1132.

贺庆棠．2002．气象学［M］．北京：中国林业出版社，179－181.

胡理乐，朱教君，李俊生，等．2009．林窗内光照强度的测量方法［J］．生态学报，29（9）：5056－5065.

胡淑萍，余新晓，岳永杰．2008．北京百花山森林枯落物层和土壤层水文效应［J］．水土保持学报，22（1）：146－150.

胡艳波，等．2003．吉林蛟河天然红松阔叶林的空间结构分析［J］．林业科学研究，16（5）：523－530.

胡正华，于明坚，等．2003．古田山国家级自然保护区常绿阔叶林类型及其群落物种多样性研究［J］．应用与环境生物学报，9（4）：341－345.

黄承标，梁温宏．1994．广西亚热带主要林型的树干茎流［J］．植物资源与环境，3（4）：10－17.

黄清麟．2005．浅谈德国的"近自然森林经营"［J］．世界林业研究，18（3）：73－77.

惠刚盈，胡艳波．2001．混交林树种空间隔离程度表达方式的研究［J］．林业科学研究，14（1）：177－181.

惠刚盈，克劳斯·冯佳多．2001．德国现代森林经营技术［M］．北京：中国科学技术出版社，66－134.

惠刚盈，克劳斯·冯佳多．2003．森林空间结构量化分析方法［M］．北京：中国科学技术出版社．

惠刚盈，盛炜彤．1995．直径结构模型的研究［J］．林业科学研究，8（2）：127－131.

季冬．2007．山暗针叶林林冠截留的 Gash 模型［D］．北京：北京林业大学．

雷相东，唐守正．2002．林分结构多样性指标研究综述［J］．林业科学，38（3）：141－146.

李金良，郑小贤．2004．北京地区水源涵养林健康评价指标体系的探讨［J］．林业资源管理，33（1）：31－34.

李荣，何景峰，张文辉，等．2011．近自然经营间伐对辽东栎林植物组成及林木更新的影响［J］．39（7）：83－91.

李淑春，张伟，姚卫星，等．2011．冀北山地不同林分类型林冠层降水分配研究［J］．水土保持研究，18（5）：124－131.

李文华，何永涛，杨丽韫．2001．森林对径流影响研究的回顾与展望［J］．自然资源学报，16（5）：398－406.

李毅，孙雪新，康向阳．1994．甘肃胡杨林分结构的研究［J］．干旱区资源与环境，8（3）：88－95.

李文华，赵景柱．2004．生态学研究回顾与展望［M］．北京：中国气象出版社，110－125.

李振新，郑华，欧阳志云，等．2004．岷江冷杉针叶林下穿透雨空间分布特征［J］．生态学报，24（5）：1015－1021.

林业部调查规划设计院．1981．森林调查手册［M］．北京：中国林业出版社．

刘春延，李良，赵秀海，等．2011．塞罕坝地区华北落叶松人工林对降雨的截留分配效应［J］．西北林学院学报，26（3）：1－5.

刘家冈，万国良，张学培，等．2000．林冠对降雨截留的半理论模型［J］．林业科学，36（2）：2－5.

刘建立，王彦辉，于澎涛，等．2009．六盘山叠叠沟小流域华北落叶松人工林的冠层降水再分配特征［J］．水土保持学报，23（4）：76－81.

刘俊民，余新晓．1999．水文与水资源学［M］．北京：中国林业出版社，146－147.

刘世荣．1993．落叶松人工林养分循环过程与潜在地力衰退的研究［J］．东北林业大学学报，21（2）：19－24.

刘曙光，郭景唐．1988．华北人工林下降雨空间分布的研究［J］．北京林业大学学报，10（4）：1－10.

刘思土，邹秀红，郭志坚，等．2003．毛竹群落植物科属组成及其植物地理分析［J］．福建林业科技，30

(4)：59-61.

刘彦，余新晓，岳永杰，等.2009.北京密云水库集水区刺槐人工林空间结构分析[J].北京林业大学学报，31(5)：25-28.

刘云，侯世全，李明辉，等.2005.云杉林林冠干扰前后植物多样性及其与环境的关系[J].林业科学研究，8(4)：430-435.

鲁兴隆，温存，毛军.2007.华北落叶松单株树冠对降水空间格局的影响[J].防护林科技，25(4)：11-15.

陆秀君.1999.落叶松连栽对土壤物理性质及林木生长的影响[J].辽宁林业科技，10(3)：10-12.

吕锡芝，范敏锐，余新晓，等.2010.北京百花山核桃楸华北落叶松混交林空间结构特征[J].水土保持研究，17(3)：212-216.

吕雄.2000.概率论与数量统计[M].呼和浩特：内蒙古大学出版社，166-195.

马雪华.1993.森林水文学[M].北京：中国林业出版社，141-164.

孟宪宇，邱水文.1991.长白山落叶松直径分布收获模型的研究[M].北京林业大学报，13(4)：9-15.

孟宪宇.1995.测树学(第2版)[M].北京：中国林业出版社.

潘建平.1997.落叶松人工林地力衰退研究现状与进展[J].东北林业大学学报，25(2)：59-63.

裴喜春，薛河儒.1998.SAS及应用[M].北京，中国农业出版社，127-177.

彭焕华.2010.祁连山北坡青海云杉林冠截留过程研究[D].兰州：兰州大学.

祁有祥，骆汉，赵廷宁.2009.基于鱼眼镜头的林冠郁闭度简易测量方法[J].北京林业大学学报，31(6)：60-66.

冉潇，丛日晨，杨建民，等.2006.北京鹫峰地区松栎混交群落结构与物种多样性[J].河北农业大学学报，29(4)，27-33.

邵海荣，贺庆棠，阎海平，等.2005.北京地区空气负离子浓度时空变化特征的研究[J].北京林业大学学报(自然科学版)，27(3)：35-39.

邵海荣，贺庆棠.2000.森林与空气负离子[J].世界林业研究，13(5)：19-23.

盛炜彤.1992.人工林地力衰退研究[M].北京：中国科学技术出版社.

石培礼，吴波，程根伟，等.2004.长江上游地区主要森林植被类型蓄水能力的初步研究[J].自然资源学报，19(3)：351-490.

苏薇，岳永杰，余新晓，等.2008.北京山区油松天然林的空间结构分析[J].灌溉排水学报，28(1)：113-117.

孙儒泳，李博，诸葛阳，等.1993.普通生态学[M].北京：高等教育出版社.

孙向阳，王根绪，李伟.2011.贡嘎山亚高山演替林林冠截留特征与模拟[J].水科学进展，22(1)：23-29.

汤孟平，唐守正，雷相东，等.2004.两种混交度的比较分析[J].林业资源管理，33(4)：25-27.

田超，杨新兵，李军，等.2011.冀北山地阴坡枯落物层和土壤层水文效应研究[J].水土保持学报，25(2)：97-103.

万师强，陈灵芝.2000.东灵山地区大气降水特征及森林树干茎流[J].生态学报，20(1)：61-67.

王安志，裴铁璠.2001.森林蒸散测算方法研究进展与展望[J].应用生态学报，12(6)：933-937.

王洪俊.2004.城市森林结构对空气负离子水平的影响[J].南京林业大学学报(自然科学版)，28(5)：96-98.

王建林.2002.长苞铁杉群落结构特征研究[J].华东森林经理，16(1)：46-50.

王礼先，张志强.1998.森林植被变化的水文生态效应研究进展[J].世界林业研究，11(6)：14-22.

王树力，沈海燕，孙悦，等.2009.长白落叶松纯林改造对林地土壤性质的影响[J].中国水土保持科学，7(6)：98-103.

王威，郑小贤，宁杨翠 . 2011. 北京山区水源涵养林典型森林类型结构特征研究[J]. 北京林业大学学报，33(1)：60 – 63.

王巍，李庆康，马克平 . 2000. 东灵山地区辽东栎幼苗的建立和空间分布[J]. 植物生态学报，24(5)：595 – 600.

王文，诸葛绪霞，周炫 . 2010. 植物截留观测方法综述[J]. 河海大学学报(自然科学版)，38(5)：495 – 504.

王馨，张一平，刘文杰 . 2006. Gash 模型在热带季节雨林林冠截留中的应用[J]. 生态学报，26(3)：722 – 729.

王秀石 . 1982. 落叶松人工林土壤因子变化规律的研究[J]. 吉林林业科技，11(4)：1 – 11.

王彦辉，于澎涛，徐德应，等 . 1998. 林冠截留降雨模型转化和参数规律的初步研究[J]. 北京林业大学学报，20(6)：25 – 30.

王震洪，段昌群，侯永平，等 . 2006. 植物多样性与生态系统土壤保持功能关系及其生态学意义[J]. 植物生态学报：30(3)：392 – 403.

王正非，朱廷曜，朱劲伟 . 1985. 森林气象学[M]. 北京：中国林业出版社，196 – 205.

魏瑞，王孝安，郭华 . 2009. 黄土高原马栏林区辽东栎的种子产量[J]. 应用与环境生物，15(1)：16 – 20.

温远光，刘世荣 . 1995. 我国主要森林生态系统类型降水截留规律的数量分析[J]. 林业科学，31(4)：298 – 298.

吴楚材，郑群明，钟林生 . 2001. 森林游憩区空气负离子水平的研究[J]. 林业科学，37(5)：75 – 81.

吴钦孝，赵鸿雁，刘向东，等 . 1998. 森林枯枝落叶层涵养水源保持水土的作用评价[J]. 水土保持学报，4(2)：23 – 28.

席苏桦 . 1999. 落叶松二代更新对地力影响及林木生长的研究[J]. 东北林业大学学报，27(5)：15 – 19.

肖洋，陈丽华，余新晓，等 . 2007. 北京密云水库油松人工林对降水分配的影响[J]. 水土保持学报，21(3)：154 – 157.

徐学华，于树峰，崔立志，等 . 2009. 冀北山地华北落叶松人工林水源涵养功能分析[J]. 水土保持研究，16(5)：162 – 166.

闫德仁 . 1996. 落叶松人工林土壤肥力与防治地力衰退趋势的研究[J]. 内蒙古林业科技，8(3)：93 – 98.

杨承栋 . 1999. 杉木人工林根际土壤性质变化的研究[J]. 林业科学，35(6)：2 – 9.

杨澄，刘建军 . 1997. 桥山油松天然林水文效应的研究[J]. 西北林学院学报，12(1)：29 – 33.

杨春时 . 1987. 系统论信息论控制论浅说[M]. 北京：中国广播电视出版社 .

杨新兵，张伟，张建华，等 . 2010. 生态抚育对华北落叶松幼龄林枯落物和土壤水文效应的影响[J]. 水土保持学报，24(1)：119 – 122.

袁志发，周静芋 . 2002. 多元统计分析[M]. 北京，科学出版社，122 – 215.

岳永杰，余新晓，李钢铁，等 . 2009. 北京松山自然保护区蒙古栎林的空间结构特征[J]. 应用生态学报，20(8)：1811 – 1816.

岳永杰 . 2008. 北京山区防护林优势树种群落结构研究[D]. 北京：北京林业大学 .

昝启杰，李鸣光，王伯荪，等 . 2000. 黑石顶针阔混交林演替过程国群落结构动态[J]. 应用生态学报，11(1)：1 – 4.

臧润国，杨彦承 . 2001. 海南岛霸王岭热带山地雨林群落结构及树种多样性特征的研究[J]. 植物生态学报，25(3)：270 – 275.

战伟庆，张志强，武军，等 . 2006. 华北油松人工林冠层穿透雨空间变异性研究[J]. 中国水土保持科学，4(3)：26 – 30.

张鼎华 . 2001. 人工地力的衰退与维护[M]. 北京：中国林业出版社 .

张光灿，刘霞，赵玫．2000．树冠截留降雨模型研究进展及其述评[J]．南京林业大学学报，24(1)：64-68.

张济世，刘立昱，程中山，等．2006．统计水文学[M]．郑州：黄河水利出版社，134.

张佳音，丁国栋，余新晓，等．2010．北京山区人工侧柏林的径级结构与空间分布格局[J]．浙江林学院学报，27(1)：30-35.

张佳音．2009．木兰围场北沟林场森林生态系统健康评价研究[D]．北京：北京林业大学．

张全国，张大勇．2002．生物多样性与生态系统功能：进展与争论[J]．生物多样性，10(1)：49-60.

张全国，张伟，杨新兵，张汝松，等．2011．冀北山地不同林分枯落物及土壤的水源涵养功能评价[J]．水土保持通报，31(3)：208-238.

张翔．2004．浅析相关因子对空气负离子水平的影响[J]．湖南环境生物职业技术学院学报，10(4)：346-351.

张彦东．2001．落叶松根际土壤磷的有效性研究[J]．应用生态学报，12(1)：31-34.

张宜辉，阙德海．2002．福建三明小湖赤枝拷群落组成结构及物种多样性分析[J]．厦门大学学报(自然科学版)，41(2)：251-257.

张振明，余新晓，牛健植，等．2005．不同林分枯落物层的水文生态功能[J]．水土保持学报，19(3)：139-143.

赵鸿雁，吴钦孝，刘国彬．2003．黄土高原油松人工林水文生态效应[J]．生态学报，23(2)：376-379.

赵淑清，方精云，朴世龙，等．2004．大兴安岭呼中地区白卡鲁山植物群落结构及其多样性研究[J]．生物多样性，12(1)：182-189.

赵洋毅，王玉杰，王云琦，等．2011．基于修正的 Gash 模型模拟缙云山毛竹林降雨截留[J]．林业科学，47(9)：15-20.

中国科学院南京土壤研究所土壤物理研究室．1978．土壤物理性质测定方法[M]．北京：科学出版社．

钟剑飞，刘东兰，郑小贤．2009．水源涵养林结构与功能量化研究进展[J]．现代农业科学，16(3)：110-112.

Abe T, Tani M, Hattori S. 1984. Measurements of throughfall and stemflow in a bamboo forest[J]. Transactions of Kansai Branch of the Japanese Forestry Science, 35: 265-268. (in Japanese)

Aboal R, Morales D, Hernndez M, et al. 1999. The measurement and modeling of the variation of stemflow in a laurel forest in Teneeerife, Canary Islands [J]. Journal of Ecology, 221: 161-175.

Amarakoon D, Chen A, Mclean P. 2000. Estimating daytime latentheat flux and evapotranspiration in Jamaica [J]. Agric. For. Meteorol. , 102: 113-124.

Asdak C, Jarvis P G, van Gardingen P, et al. 1998. Rainfall interception loss in unlogged and logged forest areas of Central Kalimantan, Indonesia[J]. Journal of Hydrology, 206: 237-244.

Bruijnzeel L A, Wiersum K F. 1987. Rainfall interception by a young Acacia auriculiformis(A Cunn) plantation forest in West Java, Indonesia: application of Gash's analytical model [J]. Hydrological Processes. 1: 309-319.

Carlyle-Moses D E, Laureano J S F, Price A G. 2004. Throughfall and throughfall spatial variability in Madrean oak forest communities of northeastern Mexico[J]. Journal of Hydrology, 297: 124-135.

Chappell N A, Bidin K, Tych W. 2001. Modelling rainfall and canopy controls on net-precipitation beneath selectively-logged tropical forest[J]. Plant Ecology, 153: 215-229.

Crockford R H, Richardson D P. 1990. Partitioning of rainfall in a eucalypt forest and pine plantation in southeastern Australia: Ⅲ. Determination of the canopy storage capacity of a dry sclerophyll eucalypt forest [J]. Hydrological Processes, 4(2): 157-167.

Crockford R H, Richardson D P. 1990. Partitioning of rainfall in a eucalypt forest and pine plantation in southeastern Australia: Part I. Throughfall measurement in a eucalypt forest: Effect of method and species composition [J]. Hydrological Processes, 4, 131 – 144.

Crockford R H, Richardson D P. 2005. Partitioning of rainfall into throughfall, stemflow, and interception: effect of forest type, ground cover and climate[J]. Hydrological Processes, 2000, 14: 2903 – 2920.

Dang H Z, Zhou Z F, Zhao Y S. 2005. Study on forest Interception of *Picea crassifolia*[J]. Journal of Soil and Water Conservation, 19(4): 60 – 64.

David Dunkerley. 2000. Measuring interception loss and canopy storage in dryland vegetation: a brief review and evaluation of available research strategies[J]. Hydrological processes, 14, 669 – 678.

De Steven D, Wright S J. 2002. Consequences of variable reproduction for seedling recruitment in three neotropical tree species[J]. Ecology, 83: 2315 – 2327.

Deguchi A, Hattori S, Park H T. 2006. The influence of seasonal changes in canopy structure on interception loss: application of the revised Gash model[J]. Journal of Hydrology, 318: 80 – 102.

Dietz J, Hölscher D, Leuschner C, et al. 2006. Rainfall partitioning in relation to forest structure in differently managed montane forest stands in Central Sulawesi, Indonesia[J]. Forest Ecology and Management, 237: 170 – 178.

Dykes A P. 1997. Rainfall interception from a lowland tropical rain forest in Brunei[J]. Journal of Hydrology, 200: 260 – 279.

Edwards P J. 1982. Studies of mineral cycling in a mountain rain forest in Brunei[J]. Journal of Ecology, 70: 807 – 827.

Ford E D, Deans J D. 1978. The effects of canopy structure on stemflow, throughfall and interception loss in a toung Sitka Spruce plantation[J]. Journal of Applied Ecology, 15: 905 – 917.

Gadow K V, Nagel J, Saborowski J. 2002. Continuous Cover Forestry[M]. Kluwer Academic Publishers, the Netherlands.

Gadow K V, Hui G Y. 2002. Characterizing forests Patial structure and diversity. "Sustainable Forestry in Temperate Regions", Proceedings of the SUFOR International Workshop [J]. University of Lund, Sweden, 4: 7 – 9.

Gardiner J J. 1999. Environmental conditions and site aspects. In: A. F. M. Olsthoorn H H, Bartelink J J, Gardiner H, Pretzsch H J, Hekhuis A, Frano(eds). Manafement of mixed – species forest: silviculture and economics. Dlo Instisute for Forestry and Nature Research(IBN – DLO), Wageningen.

Gash J H C, Lloyd C R, Lachaud G. 1995. Estimation sparse forest rainfall interception with an analytical model [J]. Journal of Hydrology, 170: 78 – 86.

Gash J H C, Morton A J. 1978. Application of the Rutter model to the estimation of the interception loss from Thetford forest [J]. Journal of Hydrology, 38(1/2): 49 – 58.

Gash J H C, Wright I R, Lloyd C R. 1980. Comparative estimates of interception loss from three coniferous forests in Great Britain[J]. Journal of Hydrology, 48: 89 – 150.

Gash J H C. 1979. An analytical model of rainfall interception in forests[J]. Quarterly Journal of the Royal Meteorological Society, 105: 43 – 55.

Gmez J A, Vanderlinden K, Giraldez J V, et al. 2002. Rainfall concentration under olive trees[J]. Agricultural Water Management, 55: 53 – 70.

Hanchi A, Rapp M. 1997. Stemflow determination in forest stands [J]. Forest Ecology and Management, 97: 231 – 235.

Hansorg D. 2002. Plant invasion patches – reconstructing pattern and process by means of herb – chronology [J]. Biological Invasions, 4: 211 – 222.

Helrey J D. 1971. A summary of rainfall interception by certain conifers of North America. Proceeding of the international symposium for hydrology professors biological effects in the hydrological cycle, Purdue University, Lafayette, Indiana. 103 – 113.

Herbst M, Roberts J M, Rosier P T W, Gowing D J. 2006. Measuring and modelling the rainfall interception loss by hedgerows in southern England[J]. Agricultural and Forest Meteorology, 141: 244 – 256.

Herbst M, Rosier P T W, Mcneil D D, et al. 2008. Seasonal variability of interception evaporation from the canopy of a mixed deciduous forest[J]. Agricultural and Forest Meteorology, 148: 1655 – 1667.

Herwitz S R. 1985. Interception storage capacities of tropical rainforest canopy trees[J]. Journal of Hydrology, 77 (1/4): 237 – 252.

Holwerda F, Scatena F N, Bruijnzeel L A. 2006. Throughfall in a Puerto Rican lower montane rain forest: A comparison of sampling strategies[J]. Journal of Hydrology, 327: 592 – 602.

Horton R E. 1919. Rainfall interception[J]. Mon Weather Review, 47(9): 603 – 623.

Iida S, Tanaka T, Sugita M. 2005. Change of interception process due to the succession from Japanese red pine to evergreen oak[J]. Journal of Hydrology, 315: 154 – 166.

Jackson I J. 1975. Relationships between rainfall parameters and interception by tropical rainforest [J]. Journal of Hydrology, 24(3/4): 215 – 238.

Jeffery P D, Lisa M R, Peter N. 2008. Understorey plant community characteristics and natural hardwood regeneration under three partial harvest treatment sapplied in anorthern red oak(Quer cus rubra L.) stand in the Great Lakes – St. Law rence forest region of Canada [J]. Forest Ecology and Management, 256: 760 – 773.

Johnson R C. 1990. The interception, throughfall and stemflow in a forest in High land Scotland and the comparison with other upland forests in the UK[J]. Journal of Hydrology, 118: 281 – 287.

Kareiva P. 1996. Diversity and sustainability on the prairie[J]. Nature, 379: 673 – 674.

Keim R F, Skaugset A E, Weiler M. 2005. Temporal persistence of spatial patterns in throughfall[J]. Journal of Hydrology, 314: 263 – 274.

Kimmins J P. 1973. Some statistical aspects of sampling throughfall precipitation in nutrient cycling studies in British Columbian coastal forests[J], Ecology, 54, 1008 – 1019.

Klaassen W, Bosveld F, De Water E. 1998. Water storage and evaporation as constituents of rainfall interception [J]. Journal of Hydrology, 212/213: 36 – 50.

Kumagai S. 1953. Sampling rainfall under crown canopy[J]. Bulletin of Kyushu University Forest, 21: 61 – 69. (in Japanese with English summary)

Kuraji K, Tanaka N. 2003. Rainfall interception studies in the tropical forests [J]. Japan Journal of Forest Society, 85: 18 – 28. (in Japanese with English summary)

Leer. 1980. Forest Hydrology[M]. New York: Columbia University Press.

Levia D F, Frost E E. 2003. A review and evaluation of stemflow literature in the hydrologic and biogeochemical cycles of forested and agricultural ecosystems. Journal of Hydrology, 274: 1 – 29.

Leyton L, Reynolds E R C, Thompson F B. 1967. Rainfall interception in forest and moorland [C] // Sopper W E, Lull H W. International Symposium on Forest Hydrology. Proceedings of a National Science Foundation Advanced Science Seminar. New York: Pergamon Press, 163 – 178.

Limousin J M, Rambal S, Ourcival J M, et al. 2008. Modelling rainfall interception in a Mediterranean Quercus ilex ecosystem: Lesson from a throughfall exclusion experiment[J]. Journal of Hydrology, 357: 57 – 66.

Liu J. 1988. Theoretical model of the process of rainfall interception in forest canopy[J]. Ecological Modelling, 42: 111 – 123.

Llorens P, Domingo F. 2007. Rainfall partitioning by vegetation under Mediterranean conditions. A review of studies in Europe[J]. Journal of Hydrology, 335: 37 – 54.

Llorens P, Poch R, Latron J, et al. 1997. Rainfall interception by a Pinus sylvestris forest patch overgrown in a Mediterranean mountainous abandoned area I. Monitoring design and results down to the event scale[J]. Journal of Hydrology, 199: 331 – 345.

Lloyd C R, Marques A D O. 1988. Spatial variability of throughfall and stemflow measurements in Amazonian rainforest [J]. Agric. For. Meteorol. , 42: 63 – 73.

Loescher H W, Powers J S, Oberbauer S F. 2002. Spatial variation of throughfall volume in an old – growth tropical wet forest, Costa Rica[J]. Journal of Tropical Ecology, 18: 397 – 407.

Loustau D, Berbigier P, Grainier A, et al. 1992. Interception loss, throughfall and stemflow in a maritime pine stand I. Variability of throughfall and stemflow beneath the pine canopy [J]. Journal of Hydrology, 138: 449 – 467.

Manfroi O J, Kuraji K, Suzuki M, et al. 2006. Comparison of conventionally observed interception evaporation in a 4 – ha area of the same Bornean lowland tropical forest[J]. Journal of Hydrology, 329: 329 – 349.

Manfroi O J, Kuraji K, Suzuki M, et al. 2004. The stemflow of trees in a Bornean lowland tropical forest. Hydrological Processes, 18: 2455 – 2474.

Marin C T, Bouten W, Sevink J. 2000. Gross rainfall and its partitioning into throughfall, stemflow and evaporation of intercepted water in four forest ecosystems in western Amazonia[J]. Journal of Hydrology, 237: 40 – 57.

Nadkarni N M, Sumera M M. 2004. Old – growth forest canopy structure and its relationship to throughfall interception[J]. Forest Science, 50(3): 290 – 298.

Návar J, Carlyle – Moses D E, Martinez M A. 1999. Interception loss from the Tamaulipanmatorralthorn scrub of north – eastern Mexico: an application of the Gash analytical interception loss model [J]. Journal of Arid Environments, 41: 1 – 10.

Park H T, Hattori S, Kang H M. 2000. Seasonal and inter – plot variations of stemflow, throughfall and interception loss in two deciduous broadleaved forests [J]. Journal of Japan Society of Hydrology and Water Resource, 13: 17 – 30.

Pretzsch H. 1999. Structural diversity as a result of silvicultural operations. //A. F. M. Olsthoorn H H, Bartelink J J, Gardiner H, Pretzsch H J, Hekhuis A, Frano(eds). Manafement of mixed – species forest: silviculture and economics. Dlo Instisute for Forestry and Nature Research(IBN – DLO), Wageningen.

Pypker T G, Bond B J, Link T E, et al. 2005. The importance of canopy structure in controlling the interception of rainfall: examples from a young and an old – growth Douglas – fir forest [J]. Agricultural and Forest Meteorology, 130: 113 – 129.

Richard H W, William H. S. 1985. Forest ecosystems: concepts and management [M] . Florida: Academic Press, 94.

Rodrigo A, Aàvila A. 2001. Influence of sampling size in the estimation of mean throughfall in two Mediterranean holm oak forests[J]. Journal of Hydrology, 243: 216 – 227.

Rowe L K. 1983. Rainfall interception by an evergreen beech forest, Nelson, New Zealand[J]. Journal of Hydrology, 66: 143 – 158.

Rutter A J, Kershaw K A, Robins P C, et al. 1971. A predictive model of rainfall interception in forests. Derivation of the model from observation in a plantation of Corscian pine[J]. Agricultural and Forest Meteorology, 9: 367 – 384.

Sato Y, Otsuki K, Ogawa S. 2002. Estimation of annual canopy interception by lthocarpusedulis Nakai[J]. Bulletin of Kyushu University Forest, 83: 15 – 29. (in Japanese with English summary).

Schellekens J, Scatena F N, Bruijnzeel L A. 1999. Modelling rainfall interception by a low land tropical rain forest in northeastern PuertoRico[J]. Journal of Hydrology, 225: 168 – 184.

Staelens J, Schrijvrt A D, Verheyen K, et al. 2006. Spatial variability and temporal stability of throughfall water under a dominant beech (*Fagus sylvatica* L.) tree in relationship to canopy cover[J]. Journal of Hydrology, 330: 651 – 662.

Sun G, McNulty S G, Amatya D M, et al. 2002. A comparison of the watershed hydrology of coastal forested wet-lands and the mountainous uplands in the Southern US[J]. Journal of Hydrology, 263: 92 – 104.

Taniguchi M, Tsujimura M, Tanaka T. 1996. Significance of stemflow in groundwater recharge: evaluation of the stemflow contribution to recharge using a mass balance approach[J]. Hydrological Processes, 10: 71 – 80.

Teklehaimanot Z, Jarvis P G, Ledger D C. 1991. Rainfall interception and boundary layer conductance in relation to tree spacing [J]. Journal of Hydrology, 123: 261 – 278.

Tilman D. 2000. Causes, consequences and ethics of biodiversity[J]. Nature, 405, 298 – 211.

Toba T, Ohta T. 2005. An observational study of the factors that influence interception loss in boreal and tempera-ture forests [J]. Journal of Hydrology, 313: 208 – 220.

Viville D, Biron P, Granier A , et al. 1993. Interception in a mountains declining spruce stand in Strengbach catchment(Vosges, France)[J]. Journal of Hydrology, 144: 273 – 282.

Viville D. 1993. Interception on a mountainous declining spruce stand in the strengbach catchment(Voges, France) [J]. Journal of Hydrology, 144: 892 – 898.

Wallace J, McJannet D. 2006. On interception modelling of a lowland coastal rainforest in northern Queen sland, Australia[J]. Journal of Hydrology, 329: 477 – 488.

Yoshinori Shinohara, Yuka Onozawa, Masaaki Chiwa, et al. 2010. Spatial variations in throughfall in a Moso bam-boo forest: sampling design for the estimates of stand – scale throughfall [J]. Hydrological Processes, 24, 253 – 259.

Ziegler A D, Giambelluca T W, Nullet M A, et al. 2009. Throughfall in an evergreen – dominated forest stand in northern Thailand: comparison of mobile and stationary methods[J]. Agricultural and Forest Meteorology, 149: 373 – 384.

Zimmermann A S, Germer C. Neill, et al. 2008. Spatio – temporal patterns of throughfall and solute deposition in an open tropical rain forest[J]. Journal of Hydrology, 360: 87 – 102.

Zimmermann B, Zimmermann A, Lark R M. 2010. Sampling procedures for throughfall monitoring: A simulation study[J]. Water Resources Research, 46, 1 – 15.